世界遺産登録10周年記念

石見銀山の社会と経済

―石見銀山歴史文献調査論集―

はじめに

平成二十九年（二〇一七）は、「石見銀山遺跡とその文化的景観」が世界遺産登録から十周年の節目の年にあたります。石見銀山遺跡をめぐる調査研究の歩みは、その全貌と歴史的な意義を解明するために、平成八年（一九九六）より、島根県と大田市（当時は大田市、温泉津町、仁摩町の一市二町）が、総合調査に着手したことに始まります。研究分野は発掘調査、間歩調査、石造物調査、港湾調査、城館調査、街道調査、文献調査、科学分析調査、民俗調査など多岐にわたり、関係各位のご協力によって、多大な成果を上げてきました。そして、こうした調査成果は、平成十九年（二〇〇七）にその顕著な普遍的価値が認められ、世界遺産への登録として結実しました。

しかし、世界遺産登録はゴールではありません。世界遺産とは、人類の長い営みのなかで生み出されてきた、民族、国境を越えて国際的に協力して保護する必要のある文化財や自然環境など、我々が過去から引継ぎ、未来へと伝えていかなければならない人類共通の遺産です。世界遺産である石見銀山遺跡の輝きを未来へと継承していくためには、登録後も資産保全のためのたゆまぬ取り組みと、石見銀山遺跡の実態解明へ向けての継続的な調査研究が不可欠であるといえるでしょう。

これまで歴史文献調査では、昨年度までに一三冊の『石見銀山歴史文献調査報告書』

（史料集・史料目録）を刊行してきました。これらの報告書は「石見銀山」の歴史像を、より具体的で豊かなものにすることに、幾ばくか寄与してきたかと思います。そして、登録から十年という記念すべき年に、これまでの文献調査での成果をもとに、江戸時代の石見銀山にスポットを当てて論文集としてまとめました。

本書を通して、史料に基づいた江戸時代の石見銀山の歴史について、新たな知見を得るとともに、その魅力の再発見へとつながれば幸いです。

平成二十九年三月

島根県教育庁文化財課世界遺産室

目次

近世初期における石見銀山役人宗岡氏の動向と活躍について

仲　野　義　文

はじめに

江戸初期における金銀山の繁栄は、大久保長安の存在を抜きに語ることはできない。彼は石見を手始めに佐渡・伊豆の金銀山を直接支配し、大量の金銀を徳川家康に公納したことは周知の事実である。しかしながら、こうした功績もまた大久保自身の経営的手腕もさることながら、実際には彼の体現者として活躍した手代衆の存在があったことはいうまでもない。とりわけ石見銀山では宗岡佐渡や吉岡出雲等の活躍がその代表であるが、両氏については村上直の一連の研究によって多くのことが明かにされている[1]。彼等が石見はもとより伊豆や佐渡の金銀山開発に直接関与したことなど、これらは今日においてはすでに常識となっている。

その一方で、近年杣田善雄[2]による大久保長安関係史料の年代検討、あるいは阿部家文書といった新出史料の発見などによって従来の解釈を再考あるいは修正が必要な問題もいくつかの点において存在する。

そこで本稿では村上直の先行研究を継承しつつ、吉岡家文書などの既知文書の再検討に加え、新出の阿部家文書などから石見銀山役人のうち宗岡氏に焦点を当て彼の事績の検証と活動の一端を明らかにしたいと思う。

一　宗岡佐渡の由緒書の検討

宗岡弥右衛門について検討をはじめる前に、その履歴について由緒書[3]によって見ることにしよう。

権現様御代
一、先祖　　本国
　　　　生国　長門　　宗岡佐渡守
　　　　知行弐百石　御当家ゟ頂戴仕候
　　　　同大久保石見守ゟ被下也
慶長五子年為御上使大久保十兵衛・彦坂小刑部石州江下向、毛利家ゟ御請取相済国中御仕置被仰渡、右佐渡守事宗岡弥右衛門与申、代々毛利家家臣候処御上使ニ被召抱、其後出府仕　権現様江御目見仕被任佐渡守知行二百石被下置、御伝馬　御朱印頂戴仕、諸国金銀山見立御用相勤、其後佐渡国相川銀山支配被仰付候、右大久保十兵衛儀者被任石見守、於石州弐万石拝領地之内五百石佐渡守江被下置、慶長八卯年大久保石見守石州銀山奉行之節佐渡国江渡海仕、国中支配仕候、尤御伝馬御朱印者吉岡先祖出雲守同役相勤候ニ付連名ニ而被下置、当時吉岡氏所持罷在候、其後佐渡守事慶長十八丑年三月十六日於佐州病死仕、同国雑田郡沢根町専徳寺葬、法名崇光院殿釈道雪大居士与号、忰喜兵衛儀石州於銀山竹村丹後守奉行之節家督相続被仰付候

宗岡弥右衛門は毛利氏の銀山役人として仕え、慶長五年（一六〇〇）十一月石見銀山の接収のため御上使として下向した大久保長安により銀山役人に召し抱えられた。その後、家康に御目見をゆるされ、この時「佐渡」の受領名と知行二〇〇石が宛行われたという。また、諸国金銀山の見立て御用のため家

康より伝馬朱印状が与えられ、慶長八年には大久保の命を受け佐渡国に渡海し、相川金銀山の支配を任された。佐渡在任中の慶長十八年三月十六日に死去、菩提は澤根町の専得寺に葬られている。以上が由緒書の記載する履歴である。

宗岡の石見銀山での史料上の初見は慶長三年七月一日付の銀山大谷之内屋敷掛銭下札(4)である。これは銀山町の大谷に賦課された屋敷銭の徴収方を休斎なる人物に対して宗岡弥右衛門・熱田平右衛門・石田喜右衛門・惣内吉兵衛・吉岡隼人・今井越中守等の六人衆が指示したものである。この六人衆が毛利氏の銀山支配における現地での実質的な責任者であることから、宗岡は慶長三年段階にあってすでに銀山支配の重要なポストにいたことが窺われる。その後かかる六人衆による支配は慶長五年に至って若干変化がみられる。すなわち同年七月五日付の毛利輝元書状(5)によれば「銀山公用之儀、去年大段之儀付而不相調、地下人令迷惑之由候、然者当年之儀弐万三千枚、今井越中守、吉岡隼人、宗岡弥右衛門両三人可預置之由」とあり、この年以降宗岡を含む三人衆が支配の中核を担っているのである。この経緯については不明であるが、これにより少なくともこの時期体制内における宗岡の地位に若干の変化があったことが認められよう。

さて、石見銀山は関ヶ原の戦いにより徳川氏の領有となり、初代銀山奉行として大久保長安が任じられた。大久保は地方支配にあたっては増島左内・駒澤勘左衛門等の子飼いの手代を重用したのに対して、銀山方では先の宗岡・吉岡・今井の三人衆を取り込む形で体制の構築を図った。たとえば、左の史料はその一例である。

覚

一、自浜田ろかすからミ参候間越申候、増左談合候而こしらへ各奉行ニて、其許ニて御ふかせ可有候、銀子ニてもち候てのほり申由候、浜田之年寄も参候間、それをも在判之人数ニ被成由候事

一、今度吹候くミ銀、何ほとの吹ミに候哉、承度事
一、先日伏見へ山之様子申上候つる、明日飛脚を上申候間、此中之山之様子、一ッ書ニて可仰給候、先日申上候者ゑの木間府、山之神ノ石金、雅楽丞横相、清水与七山、仏谷此山之様子斗申上候、其以後之山之様子可仰給候、委可申上事
一、此中貴所達御辛労之様子も一ッ書ニて可申上候、是又可有御心安候事
一、鳥越横相なと何様ニ候哉、是又承度事、以上

九月廿五日　大十兵（花押）

吉隼人
宗弥右
今宗玄
まいる

（史料中の傍線は筆者による。以下同じ。）

これは慶長七年に比定される九月二十五日付の大久保長安覚である。[6] 文中に「浜田之年寄も参候」とあることから大久保の石見滞在中に発給された文書であることが指摘される。宗岡等の三人に個別の間歩や銀品位の情報を書面にて報告するよう指示しており、彼等が銀山支配における実質的な責任者であったことがわかる。

また、傍線部によると、三人からの報告は大久保を経て伏見の家康にもとに伝えられていることがわかる。しかも、ゑの木間府、山之神ノ石金、雅楽丞横相など具体的な間歩名を挙げての報告となっており、これにより家康は石見銀山に関する具体的かつ詳細な情報を把握していたことがわかる。さらに、大久保は宗岡以下の役人の活躍も合わせて家康に伝えており、このような大久保から提出された情報を

通じ宗岡等の活躍は家康に強く印象付けられたものといえよう。

ところで、前述の由緒書では宗岡・吉岡の両氏は家康に謁見し、胴服とともに宗岡は「佐渡」、吉岡は「出雲」の受領名を拝領していることが記されている。これについての明確な時期は不明であるが、村上直はこれを慶長六年十一月頃と推定されている。すなわちこのとき吉岡は伊豆金山見立ての御用として江戸に逗留し、その際胴服と受領名をあわせて拝領した、というものである。しかし、これについてはいくつかの疑問もある。たとえば、第一には『石州銀山紀聞』(7)によると胴服と受領名は家康が宗岡と吉岡の両名に与えたと記しているが、慶長六年十一月に宗岡が家康に謁見したという事実は史料上確認できない。第二には同六年十二月に受領名を拝領したとなれば、それ以降の彼らの名前にはそれが使用されるはずであるが、同七年十月段階では宗岡・吉岡ではそのことが認められない。吉岡では同八年十一月、宗岡では同九年五月に至ってそれぞれ「出雲」・「佐渡」の記載が見られるようになるため慶長六、七年とは考え難い。そして第三には何より胴服と受領名を拝領するだけの具体的な功績とはなにか、という点である。この段階において伊豆や佐渡での銀山開発を彼らの功績とするには無理があり、もしそうであるならばむしろ石見での実績が評価されるべきはずである。

そこで可能性として浮上するのが、慶長八年の銀山師安原伝兵衛の家康謁見時である。安原は釜屋間歩の開発により三六〇〇貫目の運上銀を公納した功績によって同年八月朔日伏見城の家康に召され、胴服と「備中」の受領名を拝領している。釜屋間歩の開発はもとより安原が最大の功績者ではあるが、大久保の鉱山支配の在り方を考えるとその開発に宗岡や吉岡の両氏が深く関与したことはいうまでもない。

覚

一、□(子カ)丑ヲ之春まて三ヶ年上り候銀子者かり目ニ今度上り候銀子よわくなきやうにかけ分入念可有候、少つよく候ハ不苦候歟よわく候ハヽ、可有悪候間、其心得可有事

一、伝兵衛間歩鏈分候ハ、ふたからミ程ふかせ候て可上候間、其仕度可有事
一、今日早々隙明候者晩方可被参候、致談合度儀とも候事
十月十三日　　大十兵（花押）
吉隼人殿
まいる

これは慶長七年十月十三日付で大久保長安から吉岡隼人に宛てた覚である。[8]内容から大久保が石見銀山滞在中のものであることが知られる。過去三か年よりも銀子が少なくならぬよう指示した後、伝兵衛間歩についての記載が見られる。この伝兵衛間歩が後の釜屋間歩のことと思われる。これによると鏈分けの後にふたからみ程試吹させ、その結果を報告するよう指示しており、その上で同日晩方には吉岡を呼び寄せ協議がもたれていることがわかる。この内容を知る由もないが、伝兵衛間歩の試吹の結果を受けて、今後の対応が協議されたことは想像に難くない。そして翌年安原は大量の銀を家康に公納することとなるが、こうした釜屋間歩の成功の背景には吉岡・宗岡等の銀山役人の存在があったことは明らかである。

これとは別に慶長八年は宗岡・吉岡にとって佐渡金銀山へ派遣されるという重要な年でもある。実は安原が家康に謁見する直前の七月、佐渡において代官の悪政に対する農民の愁訴が起こっている。『東照宮実記』[9]によると「佐渡の国人等訟ふる旨あるにより、銀山の吏吉田佐太郎切腹し、合沢主税は改易せられ、中川市右衛門忠重、鳥居九郎左衛門某、佐渡国中を検視せしめらる」とあり、年貢の重課に対して農民が江戸へ出訴する事態が起こり、これにより吉田は自刃、会沢（中川）は改易、さらに田中清六と河村彦左衛門の両代官も連座して御役御免となっている。[10]この事件の後、佐渡国は大久保の支配となり、前述のごとく銀山方の担当として宗岡・吉岡の両氏が派遣されることとなるのである。彼らが佐渡

派遣を申し渡された時期については不明であるが、安原の家康謁見時である可能性は多分に有り得るのではなかろうか。

以上のことから宗岡・吉岡両氏の家康からの胴服や受領名の拝領は、石見銀山開発での功績、とりわけ釜屋間歩による多額の銀上納との関係が想定されるとともに、佐渡金銀山への派遣という、これらの二つの事柄が関係しているものと推察される。したがって、受領名等の拝領はここでは慶長八年である可能性を指摘しておきたい。

次に伝馬朱印状と銀山見立御用の問題について見ることにする。先の由緒書では宗岡の活躍を象徴するものとして同七年二月二十三日付の伝馬朱印状[11]がある。

（朱印）
伝馬弐疋伏見ゟ桑名まて上下可出之也、仍如件
　但石州之隼人弥右衛門被下也
慶長七年二月廿三日
　　　　右宿中

この朱印状は、家康が宗岡と吉岡に対して伏見より桑名までの伝馬二疋の使用を認めたもので、すでに村上によって紹介された史料である。しかし、家康が吉岡と宗岡をどのような目的で桑名へ派遣したのか、という基本的な問題についての検討はなされていない。そこで以下この点について考察を進めることとするが、その前提としてまず吉岡に対して与えられた伝馬朱印状から見ることにしよう。

吉岡隼人に与えられた家康の伝馬朱印状は先の史料を含め三通ある。次の史料はその最初のものである。

（朱印）
伝馬弐疋自伏見江州きミかはた迄無相違可出之者也、仍如件

慶長六年六月廿三日　　　右宿中

この朱印状[12]は伏見から江州君が畑までの伝馬二疋の使用を認めたものである。君が畑は鈴鹿山脈の藤原ケ岳の北西に位置し木地師の里として有名である。しかし、この場合吉岡の同所への派遣の目的は概ね銀山御用にあったことが考えられる。

君が畑については『陽勢雑記』[13]によると「治田村より江州野尻村への山越、右治田越といふ、此所伊勢の銀山也、当時河合助左衛門代官也、野尻村・多志田村又君カ畑村皆銀山也」とあるように同所には銀山があり、村内にはクグサウ谷・山神谷・蛇谷・猪子谷・オクボ谷・上郎屋谷・後ロ谷などに間歩があった。開発時期については不明であるが『江源武鑑』[14]（天文十八年三月十八日条）には「江東君カ畠ヨリ白銀ヲ掘出ス、今日坂田兵内左衛門方ヨリ言上ス、則兵内左衛門ヲ金山ノ奉行ニ付玉フ、是ヨリ江州ニテ初テ金ヲ掘ル」とあり、天文十八年（一五四九）に開発されたとの所伝をもつ。天文年間は疑わしいものの、慶長年間にはすでに開発されていたことが次の史料によって確認できる。

猶々、大か之儀頼入存候、今度御能見物不申候事神そ残多存候、然ともさしきにてなくとも御みせあるへく候、一たん懸御目上手にて御座候由みなく申候、一しほ見物申度候、次ニわれらすきや大かた出来申候、いつ比駿州へ可有御下候、其筋申談一ふく申度候、又其様御すきにもあい可申候、以上

一書申入候、其以来ハ久々不懸御目御床敷存候、旧冬も又当年も度々に参候へとも御他行候間不申承神そ御残多存候、尤罷上諸事得御意度候へとも君ヶ畑艮山下才共悉伊豆山へ被　召寄候、就夫まふニも符を付かへ申候間、明日君ヶ畑へ罷越候、十日時分ニ可罷帰候、御子息於北野ニ被成御能候

由昨日承候、扨々参候て見物申度儀候へとも右之入申候間不及是非先君ヶ畑へ参候、及承候間是非とも一日見物可申候、然ハ駿州御作事御材木大方申付三月中ニハ出来可申候、然共過分之儀候間駿州如被成　御諚候、御国役之大鋸被遣候て可被下候、為其両人ゟ申入候、恐々謹言

二月四日　　　日半兵

成（花押）

中和州様

人御中

これは日向政成から中井正清に宛てた書状[15]である。年欠ではあるが「駿州御作事」との文言から慶長十二年と推定される。日向政成は、大久保長安の下で慶長六年二月甲府町奉行を勤め、翌年には近江や三河の検地にも関与し、同十年代に至っては伊勢の国奉行の地位にあるなど、大久保との関係が深い人物である。[16]この書状では君が畑の下才（財）が伊豆に召致されていること、それにあたって日向が同所に赴き間歩の符の付け替えに赴く旨であることがわかる。この史料から君が畑銀山の開発が慶長年間には行われていたことが判明する。君が畑銀山と先の朱印状とを直接関連付ける史料はないが、当時の君が畑の開発状況や吉岡が銀山役人である点を勘案すれば、同所への派遣はやはり銀山御用を目的になされた可能性が推察できよう。

また、次の朱印状は村上の分析[17]のごとく銀山御用にかかわるものである。

（朱印）
伝馬六疋自江戸伊豆ゆか嶋まて上下可出者也

慶長六年

十二月三日

右宿中

慶長六年十二月三日付で吉岡隼人に発給された朱印状で[18]、江戸から伊豆湯ヶ島までの伝馬六疋の使用を認めたものである。吉岡の湯ヶ島行きについてはこれより先の同十一月二十日付で伊奈忠次・大久保長安・長谷川長綱の代官頭から銀山見立てのための江戸逗留に対して一五人扶持[19]が与えられていることから、その目的が伊豆銀山の開発にかかわるものであったことが判明する。しかも、伝馬六疋の数から考えて数人の者が吉岡に同行していることが窺われる。

伊豆銀山は北条氏の時代から土肥・湯ヶ島・瓜生野が開発されたが、大久保の支配以後慶長十一年頃より盛山を迎えた。『当代記[20]』（慶長十一年正月二日条）にも「伊豆国金山に銀子多可出と云々、大方は佐渡国より出る程も可有之と云也、此已前代官彦坂小刑部たりしを引替、向後大久保石見守可為代官と也、大方は土百目にて銀百目之積になる、是は金子と銀とましり出と也」とあり、佐渡に比肩する銀山であったことが述べられている。とりわけ縄地はこの頃繁栄したようで「なわち家数多出来候由[21]」とあることからもそのことが窺われる。前掲日向政成書状に見える君が畑の下財の伊豆への移動はまさにこのような事態に対応するものであったといえるであろう。

なお、伊豆銀山については「其元ニ居申候ものともニも慥成せいこ不取事申候事ハ一切無用と可被申付候、石見ものとも筋なき事を申、たいけつのたひニまけ候と風聞[22]」ともあり、石見出身者の存在があったことがわかる。彼等と吉岡との関係は不明であるが、あるいは吉岡の銀山見立てに同行した者たちであった可能性も考えられる。何れにせよ興味深い内容といえよう。

以上のように吉岡への二通の伝馬朱印状は何れも銀山御用を目的としたものと考えられるが、では前掲慶長七年二月二十三日付のそれはいかなる目的であったのであろうか。

残念ながらこの点についても史料上の制約がありその詳細を明らかにすることは困難である。しかし先の吉岡の事例が何れも銀山御用であることなどから推して、本朱印状についてもやはり同様の可能性が想定される。そこで改めて伊勢国の鉱山について見ることにしよう。

すでに述べたように近江君が畑には銀山があり慶長期には開発されていたが、実はその北東に当たる伊勢国の治田山・多志田山・野尻山等にも間歩が所在し、江戸期には君が畑を合わせて治田銀山と総称した。(23)とくに多志田山側には多志田山側には銀山が多く、「勢州員弁郡治田郷銀銅山ノ儀ハ往古ヨリ稼繁昌ノ旨申伝候ヘ共、寛永以前ノ義都テ記録無御座候ヘ共其頃ノ古鋪多御座候(24)」とあるように往古は繁栄したことが伝えられており、おそらく君が畑と同様慶長頃には開発されていたものと思われる。つまり、この時期における治田銀山の開発状況や慶長六年六月二十三日付の吉岡宛の朱印状との関連性、さらに彼らが銀山役人という鉱山に精通した人材である点などを勘案すると、宗岡と吉岡の桑名への派遣は鈴鹿山脈の伊勢側の銀山見立てが目的であったことが可能性として指摘されるのである。

二　宗岡佐渡と佐渡金銀山

田中清六等の罷免後、慶長八年（一六〇三）より佐渡国支配は大久保長安によって行われることとなり、それにあたって同所に派遣されたのが宗岡と吉岡であった。宗岡については『佐渡年代記』（同八年条）によると「大久保石見守目代として大久保山城・宗岡佐渡初名弥右衛門・小宮山式部等を遣す、山城・式部は地方を預り、佐渡は金銀山の事を沙汰すといふ(25)」とあり、同八年には大久保山城、小宮山式部等とともに遣され、銀山方の支配を担当している。

一方、吉岡は『佐渡年代記』（慶長九年条）に「横地所左衛門、原土佐、吉岡出雲等石見守に従ひ来り、所左衛門は赤泊に住し水津迄の郷村を預り、土佐は小木の古城に住し西三川迄を預り、出雲は銀山の事を沙汰す(26)」とあり、大久保に随行して佐渡に渡海したという。大久保の佐渡国への渡海は同年四月であるから、吉岡もまたこの時に渡海したものといえる。しかし、『佐渡年代記』の年代については若干問題がある。なぜなら慶長八年と推定される十一月十五日付の大久保長安から息子の吉岡右近に宛てた覚[27]によると「此中も佐州ゟ出雲用所候て今井金右衛門指越候、何も何事無之由申候、心安可被存候事」とあり、すでに同八年十一月には佐渡国にいることがわかる。おそらく吉岡の佐渡国への渡海も宗岡と同時期であったものと思われる。

さて、宗岡の佐渡金銀山での活躍に関する史料は極めて少なく、彼の具体的な職務やその地位などについては依然不明な点が多い。ここでは川上家文書など佐渡側の文書を中心にこの点について考察を進める。

佐渡金銀山における宗岡の初見は、慶長九年五月十四日付の次の史料[28]である。

大けたへ間歩たつ五月十四日卯刻より同十九日卯刻まで御運上参拾四貫目ニ御請申候、右之日限之内ニも御運上まし申人御座候ハヽ可被成御渡、弥々御山能なり次第御注進可申上候、仍如件

たつ五月十四日　　京　新五郎　花押

小宮山民部様
吉岡出雲様
宗岡佐渡様
長谷川伝右様

これは山師京新五郎が大けたへ間歩の稼行を五月十四日から十九日までの五日間の運上を銀三四貫目で請負った際に提出した請状であり、銀山方の奉行人として吉岡とともに宗岡の名前が見える。その後、これら奉行人のうち吉岡・小宮山・長谷川の三名については慶長十年以降その名前が見られなくなり、

代わって岩下惣太夫と草間勝衛門の両名が奉行人となるが、宗岡については引き続き銀山方支配の中心にあった。

次に銀山方の奉行としての宗岡の職務について見る。

卯月廿五日　餅屋平大横相
一、十俵ハ　同理り　　山主　石見角右衛門
　　　　　　　　　　　　　大坂甚左衛門
同廿五日　鶴子どろ間歩へ
一、十俵ハ　同ことハり　　山主　五人
同廿七日　春日横相
一、十俵ハ　同理り　山主但馬清兵衛
同廿八日　下松宗徳大横相
一、拾五俵ハ　同理り　山主　田中宗徳
午ノ卯月分也
合六百弐拾俵　　宗佐㊞
　　　　　　　　草勝㊞
　　　　　　　　岩惣㊞

これは慶長十一年四月分の御直山への鍛冶炭の支給に関する留帳（断簡）である。(29) これによると、四月二十五日から二十八日にかけて餅屋平大横相・鶴子どろ間歩・春日横相・下松宗徳大横相等の御直山の山主に対してそれぞれ鍛冶炭が支給されており、その責任者として宗岡を含む三名の名が見え、彼等

を通じて御直山への資材供給がなされていることがわかる。周知のごとく佐渡金銀山では大久保の支配以後御直山制が導入されたが、これは陣屋による鉄・炭・縄・油などの諸資材の公給を前提とするものである。こうした生産資材の管理と給与に宗岡が関与していることは彼がまさに鉱山支配の中核にいることを示す証左といえよう。

このように佐渡の支配は宗岡を含む三名の談合によって諸事が決定されるとともに、開発の具体的状況や諸入用についても彼らを通じて直接大久保の家老戸田藤左衛門に報告されたようである。

一、いかり山かハる儀無座候、乍去よこあい之儀者宗佐渡談合仕無油断様ニ申付候事
一、小河山拾間ほときりこミ申候、次第ニつるもひろく罷成候、ろくしやうもいよ〳〵いろよく御ざ候間、何ほともきらせ可申と奉存候事
一、諸御直山申八月、九月分入用之一紙別紙ニ進上申候事
一、申九月分山衆間歩見廻候月帳進上申候、相替儀御座候ハヽ、重而御注進可申上候、以上
申ノ
十月五日　　岩下惣太夫
　　　　　　草間内記
戸田藤左衛門殿
　御披露

これは岩下と草間の両名から戸田に宛てた書状[30]である。これによると五十里山の横相普請について宗岡と談合して申し付けることが述べられており、この三者によって開発にかかる意思決定がなされていることがわかる。また御直山の入用や開発状況についても月ごとに戸田宛(最終的には大久保への報告)

に報告されており、彼等が現地と大久保とを繋ぐ重要な役割を担っていたことが看取される。
その一方で、宗岡と岩下・草間の二者を同等の地位と考えるのには大いに問題がある。事実、この点について次の史料には興味深い内容が見られるのである。

覚

一、諸山不相替由尤候事
一、つるしわり間歩つるニ相候由、是又満足申候事
一、大床無油断吹候由是又尤候、弥床数吹候様ニかしら廻奉行共ニかたく可被申付事
一、石見ゟ其地迄各指越置候処油断仕而床吹かね候、公方御そん被下候て床の日帳付置可被申候、我等参候而日帳見候而、らち可立候間可有其心得事
一、諸山入用候様子披見候事
一、其元諸事田十郎左談合候而可被申付候、惣別　上様ゟハ其国我等ニ被成御預候、又我等其元其方ニ預候間油断申間敷候、物毎其分別候而可被申付候、両人之指図ニ違候ものハたとひよき事致候共曲事ニ可申付候間、可有其心得候事
以上
十一月廿七日　　石見守　（花押）
宗岡佐渡とのへ

この史料は大久保から佐渡在住の宗岡に宛てた覚である[31]。年欠であるが佐渡国渡海を示唆していることからおおよそ慶長十二年と推察される。内容を見ると、吹床の事が問題となっており、そのため石見から佐渡に人が派遣されていることがわかる。このうちとくに傍線部の部分は重要であろう。これによ

ると、佐渡の支配は田邊十郎左衛門（大久保山城）と宗岡が談合して決めることが指示されている。また佐渡国は家康が大久保に預け、さらに大久保は田邊と宗岡の両名に預けているとして両人の指図と違う者はよいことをしても曲事であると言明しているのである。この文言から、宗岡は岩下や勝間とは明らかに格上の存在であることがわかり、宗岡が大久保の家臣である田邊十郎左衛門と同等の地位にあったことが指摘できるのである。

さらに、これを裏付ける事実として大久保による宗岡への知行地の宛行状[32]がある。

於佐州沢田郡内高都合七百石令扶助訖、全可領知者也

石見守　（花押）

慶長拾一年

八月十四日

宗岡佐渡殿

大久保はこれより先の五月二十一日付で家老の戸田藤左衛門に対して佐渡国加茂郡内において知行六〇〇石を与えているが、右史料によれば宗岡に対しても同様に雑太郡内において知行七〇〇石が宛行われていることがわかる。この事実から宗岡は単なる佐渡奉行所の地役人のような存在ではなく、大久保の家臣としてその支配の中枢を担っていたのである。

ところで、前掲由緒書によると宗岡は「大久保十兵衛儀者被任石見守於石州弐万石拝領地之内五百石佐渡守江下置」とあり、佐渡国とは別に大久保より石見国内において五〇〇石の知行が与えられたことが記されている[33]。しかしながら、これに関する一次史料は存在しておらず、この記述は概ね次の史料に依拠しているものと考えられる。

以上

於石見国弐万石拝領之内五百石為其方知行出置候、存此旨弥以可有奉公候、仍如件

慶長八年　　　　　　大久保十兵衛

七月晦日　　　　　　　信安　（花押）

吉岡出雲殿

参

これは慶長八年七月晦日付で大久保十兵衛から吉岡出雲に対し大久保が石見国で家康から拝領した二万石のうち五〇〇石を合力として与えた旨の知行宛行状である。しかし、署名が大久保信安であることや花押が違うことなど文書の真贋に疑問符が付く史料である。さらに次の史料からは知行地の宛行そのものに疑念を持たざるを得ないのである。

一、御代官所御口米我等ニ被下候へとも其方へ拙者為合力遣候、又旦那様ゟ百俵御合力被成候、かやうの所ニて年中遣合候而可然候へとも右ニ而たらす候ハヽ、其方売酒仕候間、此しかとを以遣合可被申候、若少成とも銀子人ニ借り被申候ハヽ、此利銀年々もうけニ仕候やうに分別尤候事

これは慶長十六年吉岡出雲から子の右近に与えた書状である。[34] これによると吉岡に対しては代官所の口米が合力として与えられていること、またこれとは別に旦那すなわち大久保長安から別途一〇〇俵が与えられていたことなどがわかる。このうち前者については慶長七年七月二十八日付で邑智郡・邇摩郡のうち四四〇〇石余が吉岡に預け置かれており、[35] 口米とはそれに対するものと思われる。後者の一〇〇

俵については由緒書に「大久保十兵衛銀山奉行之節被召抱、御切米百俵被下置」との記述に対応するものと推察される。だが、知行地についての言及は一切みられない。このことから吉岡に対する知行地の宛行は事実と認めることはできず、したがって宗岡の場合も石見国での知行地そのものは存在しなかったものといえる。

もっとも、この事実は次の点において重要な意味を持つ。一つは佐渡国ではあるものの宗岡には七〇〇石の知行地が与えられたのに対し、吉岡にはそれがなかったことである。両者はともに家康から受領名や胴服、伝馬朱印状が与えられており、初期においては同等な扱いであった。しかし、慶長十一年以降では先の知行地の扱いに見られるように両者の間には明らかな身分上の差が生じているのである。これは吉岡の「先年於佐渡拙者内衆之者共致不調法候[36]」との関連性が想定されるが、それ以上に宗岡の実績に対する大久保の評価の表れであったとみることができる。

いま一つは、宗岡の石見銀山役人としての身分の終焉と大久保の家臣化である。いうまでもなく知行地の宛行は大久保の家臣化を意味するものである。それ故に大久保は自らに代わって佐渡支配の責任者として宗岡を指し置いたのであり、そこには宗岡に対する大久保の信頼の厚さが窺われる。

しかし、彼は佐渡金銀山のみに関与したわけではなく、実際には大久保が支配する鉱山全体にも及んでいたといってよい。

覚

一、石州ゟ隙明上候処、伊豆山盛候間、彼地見廻ニ参候而仕置申付候、金銀多山日本之儀ハ不及申、大唐(ママ)ニもか様之儀は有間敷と存候事

一、其元山盛候由、是又大慶候事

一、大ヶ代之下御公方山一段能鏈上候由大慶候事

一、佐野庄右衛門横相能鏈ニ相、吹ミも多候由大慶候事
一、相山大水貫に可無怠転鏈出候由是又尤候事
一、宗清わきあかり鏈多出候由、弥普請無油断様可被申付事
一、大坂次介横相の後山鏈ニ相候由大慶候、弥山鏈ニ逢候へハ、宗清敷へ可被参候条、以来ハ水貫にも可成候間、一入満足申候事
一、向山弥次兵衛間歩切候而、数多荷も上吹ミもよく候由、大慶候事
一、伊豆山此中上つる斗ひき候をねやへきらせ候へハ、鏈なをり候て一荷ニ付弐貫目之宛ニも一荷之内筋金三百目、又三百四五十目も有之候由、昨日申来候事
一、山衆・板取・石たゝき以下よひニ遣候間、其節談合候而、よきもの申付越可申候事
一、此中石州ゟ飛脚参候、相替儀も無之候間、心安可存候、銀吹ミの儀も弥右衛門手前余仁よりも多候間、是又心安可存候
一、先書ニも如申候、石田横相之内加そく山大鏈ニ逢候而、只今荷数上、ふきミも一荷ニ三百目四百目有之由申候事
一、関東横相・勘右衛門横相へ打抜鏈上候由申来候、ふきミハ一段多由申越候事
一、かまや間歩ハもりわき山へ抜相候而大鏈上候由申来候、今度之瀬さけ七十五たけ程さかり候由申越候事
一、石飛山よき鏈ニ相、此中かしら鏈出候由申来候事
一、今度米わりなと念入申付候へハ、谷中へ米多入候而、山中之もの近年ニ無之米多候とて喜悦由申来候、近年ハ増嶋と勘左衛門せり合にて山中之ものかつへ候而増嶋之佞人無之故山中くつろき候由、惣年寄申候由候間心安可存候
一、子年米之売買ニ出入候而改候へハ、増嶋・源蔵・作兵衛へ三人手前折々出入候、右之様子申上候

へハ、御成敗ニて不叶様子ニ候間、各致談合拾貫目つゝのわきまえニいたし、御前相済候、増嶋なとも命たすかり候をよろこひニいたし候、おかしき仕合共中々可申上候可申様も無之候事、以上

正月六日　　石見守（花押）

宗岡佐渡守殿へ

これは年欠文書であるが[37]「石州ヨリ隙明上候処、伊豆山盛候」との文言から慶長十一年と推定される。この覚では前段部分で大ヶ代・佐野庄右衛門・相山など宗岡が直接に関与した佐渡の間歩の様子が述べられているが、後段では伊豆・石見のことが記されている。伊豆では一荷に筋金三〇〇目から三五〇目の良鉱が産出したこと、また石見では石田横相・釜屋間歩・石飛山などの間歩が活況している様子が伝えられており、宗岡と大久保との間において三鉱山に関する情報の共有が図られていたことがわかる。とくに佐渡から伊豆へ派遣する山衆・板取・石叩等の人選を宗岡に相談している点は注目される。もとよりこれは宗岡が佐渡の代官という立場と無関係ではないが、他方で大久保は鉱山に精通した宗岡に対して適宜その助言を求めていたものといえる。さらに必要に応じては現地に派遣することもあった。

大窪石見守殿ゟ西金山之奉行仕候様ニと被仰付、則御黒印被下置、其節佐渡之金山ゟ宗岡佐土殿と申御奉行被遣柴下ハ壱荷ニ付壱分、普請から切之場所ハ弐分三分迄ハ金堀ニ被下候御作法書頂戴仕候共、其已後えんしやう仕候御事[38]

この史料は甲州雨畑銀山に大久保から宗岡佐渡が派遣されたことを伝えるものである。これによると、鉱山の運上に際して荷分け法が宗岡によって同所に伝えられていることがわかる。荷分けは大久保が佐

渡で導入した運上の仕法であり、出鉱を公儀分と山師分とに一定割合で分配する方法である。もっとも、この史料は伝聞史料であるため事実関係について検証が必要であるが、いずれにせよこれにより大久保による鉱山支配の体現者としての宗岡の重要性は看取されるであろう。

三　石見の宗岡弥右衛門

前述のごとく宗岡弥右衛門は、家康に御目見に際し胴服とともに「佐渡」の受領名を拝領し、以後宗岡佐渡と称するようになったとされる。この点について特段異論はないが、しかしながら佐渡と弥右衛門を終始同一人物として考えるには若干問題があるように思われる。この点について次の史料を見よう。

覚

一、其方儀　御公方事大切御奉公仕候由被仰一段御機嫌能候事、心安可被存事
一、石州之鏈越候間可被申事
一、伊豆山之鏈もこき一はいにて十一匁吹在之由申候、正月ハ早々伊豆へ参山見立可申由　御意ニ候、乍去助左衛門参次第ニ様子聞届可参事
一、先書ニ如申候、助左衛門仕合能候て西どい近辺御代官所迄被　仰付候、其上小刑部ハ于今御前へ出候事も不成候て居申候事
一、石州之様子　上様も被為聞一段御機嫌能候事、其元ニても無之候事
一、其山様子切々可被申越事
一、其方子ニ候弥右衛門儀、御前へも取越申候、是又心安可被存候事
一、其方身もたて候ハて、かねふき場ニきれかたらひニて居被申候由申上候、不成大形御機嫌能候、

心安可被存候事

一、佐渡跡次ニ左様候ものハ有間敷由被成御意重而参候者、弥右衛門可懸御目由御意候条、是又心安可被存事

一、三月者二日三日比ニ可致渡海候間、内々可有其心得候事

一、何も山衆へ以書状可申候へ共、爰元取越ニて一円ニ無訳候間、能様ニ可被申候事

一、大床無油断吹可被申事

以上

極月廿五日　大久保石見守（花押）

宗岡佐渡殿へ

これは大久保長安から宗岡佐渡に宛てた覚である[39]。年欠であるが慶長十二年（一六〇七）と比定される。この覚は佐渡国に在住する宗岡に対して宛てたものであり、内容については長安が支配する佐渡・伊豆・石見についての鉱山の情報が中心となっている。ただ若干傍線部のような個人的なものも含まれている。

この記述によると、宗岡佐渡の子として弥右衛門なる人物がいること、またその子が彼の後継者であり、しかも「御前へも取越申候」、あるいは「可懸御目由御意候」との文面から家康が御目見する意向であることがわかる。

なお、宗岡家の由緒書には佐渡の嫡子として喜兵衛なる人物は見えるものの、この弥右衛門については一切記されてはいない。しかし、この覚では確かに佐渡の子として弥右衛門なる人物がいたのである。

また、佐渡国には宗岡七左衛門という人物もいる。「佐渡鉱山記[40]」によると「宗岡氏当国ニて男子壱人出生名を七右衛門と改、慶長以後鶴子間歩山師を勤、相川米屋町居住、正保三戌年九月廿三日卒、専保

寺ニ葬」とあり、七左衛門は宗岡佐渡が同所で儲けた子供で鶴子銀山の間歩の山師を勤めたとされるが、ここでも弥右衛門の名前は見られない。では弥右衛門とはいかなる人物であろうか。

先に述べたように宗岡は慶長八年に佐渡に渡海し、翌九年五月には吉岡等と共に金銀山支配を行っており、これ以降彼は同十八年三月十六日に死去するまで佐渡に在住していた。しかし、宗岡の佐渡国渡海以降も石見銀山の支配に関する文書の中には依然宗岡弥右衛門の名が散見されるのである。

覚

銀合弐百目定　　但善嘉極印包ノ佷、大銀数壱ツヅ、納

右者温泉津湯屋役辰ノ年中分、吉右近取次ニ而御公納如件

辰九月十四日　　増外記

今宗玄

吉右右近

宗弥右

駒勘左衛門

あかねや惣兵衛殿

これは温泉津町の湯役銀二〇〇目を吉岡右近の取次で公納したことを証明する手形であり[41]、署名の一人に宗岡弥右衛門の名前が見られる。吉岡の場合、父隼人が佐渡に渡海しているため子の右近の署名になっている。しかし、宗岡については弥右衛門のままである。この点を整合的に理解するならば、やはりこの弥右衛門こそが宗岡佐渡の子で跡継ぎの弥右衛門とみて間違いなかろう。

弥右衛門もまた父佐渡と同様、石見銀山役人として重要な役目を担当した。次の史料は慶長十年十月

二十六日付で大久保長安から吉岡右近に対して発給した銀山役人の職務分担に関する指示書であり[42]、大久保による銀山支配の実態を示す貴重な内容である。これによると、銀山方・地方支配にかかわる一七の職掌を一三名の役人がそれに当たっていたようであるが、このなかに先の弥右衛門の名も見られる[43]。

　諸役者
一、地方ノくゝり　竹村源兵衛
　　　　　　　　　河井小右衛門
一、諸役ノくゝり　玄斎
　　　　　　　　　岩佐才右衛門
一、けつ所物　　　安部彦兵衛
　　　　　　　　　山浦吉左衛門
一、山之神くミかね　右同人
一、城普請　　　　駒澤勘左衛門
　　　　　　　　　増嶋外記
　　　　　　　　　竹村源兵衛
　但普請之様子者佐馬佐さしつ次第
一、佐渡ゟ参候鏈　宗岡弥右衛門
　　　　　　　　　今井宗玄
　　　　　　　　　林六兵衛
一、石州ゟ佐渡へ越鏈　吉岡右近
　　　　　　　　　今井彦右衛門

一、他国ゟ用所之儀
林六兵衛
増嶋外記
駒澤勘左衛門
今井宗玄

一、盗賊喧嘩火付とくかい
増嶋外記
今井宗玄
吉岡右近
宗岡弥右衛門
駒澤勘左衛門

右是者不移時刻寄合ニ而談合仕可申付候事

一、町人百姓祢宜山伏出家申分大形之儀者、各寄合左馬佐前にて相済可申候、若不及分別儀者、目安帳をつくり我等参候時、為聞可申事

一、万銀子請取人
玄斎
河井小右衛門
安部彦兵衛

一、毎日之日帳改
右同人

但左馬佐参候者、左衛門御所ニて可相改事

一、惣前わり物
増嶋外記
吉岡右近
今井宗玄
宗岡弥右衛門

一、万小遣方
　　是者わり帳を作、月切ニ勘定いたし、右之もと帳安部・河井・玄斎可相渡候事
　　　　　　　　駒澤勘左衛門
　　　　　　　玄斎
　　　　　　　河井小右衛門
　　　　　　　安部彦兵衛
一、切米并扶持方　　右同人
　　右之銀者、郷中ゟなミの銀をわりをこみたけ取候而、遣可申候事
　　但直手形ニて渡間敷候、外記・勘左衛門両人うら判ニて可渡事
一、国中竹木奉行　　今井宗玄
　　　　　　　　　山浦吉左衛門
　　是者普請方ハ勘左衛門・外記・源兵衛手形ニ而可渡事
一、国中舟奉行　　右同人
一、国中にてくろかねかい候事　　今井宗玄
　　　　　　　　　増嶋外記
　　　　　　　　　吉岡右近
　　　　　　　　　宗岡弥右衛門
　　　　　　　　　駒澤勘左衛門
右無油断万事可申付候、自然出入候者、手前向々可申越候、以上
慶長拾年十月廿六日　　石見守（花押）

この指示書は慶長十年十月二十六日付であることからこの宗岡弥右衛門は父の佐渡のことではなく、

彼の子息の弥右衛門と考えて間違いない。これによると、「佐渡ゟ参候鏈」・「盗賊喧嘩火付とくかい」・「惣前わり物」・「国中にてくろかねかい候事」など四つの職務を担当していることがわかるが、とりわけここでは「佐渡ゟ参候鏈」の職務について注目したい。

この指示書によると、石見と佐渡との間で相互に鏈のやり取りが行われていることがわかるが、とくに宗岡については佐渡からの鉱石を林六兵衛・今井宗玄等とともに担当している。残念ながら佐渡の鉱石が具体的にどのようなものであったかは不明であるが、含銀鉱石であることは容易に想像されよう。

ではなぜ宗岡が佐渡からの鉱石の担当者となっているのであろうか。この点に関して次の史料が参考になろう。

覚

一、其元諸山不相替盛候由尤候事
一、大ヶ代之下佐野庄右衛門間歩是も横番なと入候て能候者何時も見立きらせ可被申事
一、向山弥二兵衛間歩きりは百弐十所立候由、是又大成事候事
一、上鏈ハのけて置可被申候、なんはんこしらへニいたすへき事
一、大床ふき候ニふきミ多由承満足存候事

一、石州ゟも此中飛脚参候、其方やとニも何事無候由申来候、其上弥右衛門とこやニもふきミ多由申候事
一、其方内へも伝言申候事
以上
二月廿日　石見守（花押）
宗岡佐渡殿へ

この史料は年欠二月二十日付の大久保長安覚[44]であるが、これによると弥右衛門は石見で床屋を経営もしくは長安直営の吹屋の責任者であったことがわかる。つまり、弥右衛門が佐渡の鉱石の受入を担当した背景には、彼自身が吹屋の支配・経営に関与していたことにあったことが指摘されるのである。また、この指示書では石見から佐渡に鉱石が送られていた事実も判明する。これについては次の史料からその具体を窺うことができる。

覚

一、三月廿八日之一書、四月十三日に披見候事
一、諸山不替鏈出候由大慶候事
一、大よこ相入目之儀一同きりに大工あらためいたし被申付候由満足申候、此方ゟ参候目付も右之分に申候間、満足ニ候事
一、大床やの儀其元にあいも無之候ハヽ、二とこを一とこにいたし壱床分をかねふき共石州へもとし可被申事
一、爰元ニ者よきあい共多く候てふかせ申候、か様之儀者有間敷候と上下申候事
一、石州ゟあい鏈参候者、床壱つにてそろそろとふかせ可被申事
一、相の山大水ぬき今まてハ成間敷山にて候へ共、ふしぎの仕合にてつゝき候間、森久右衛門せさけ江戸庄右衛門せさけ無油断可被申事
一、向山弥二兵衛間歩ふしん申付候由尤候事
一、辰巳両年のうすミ鏈を皆々うり候由、てから二て候事
一、爰元の山ハ其地のうすミ鏈程成をから山に切出しすて申候間歩合てハおしかり申候

一、大ヶ代の下大よこ相ふきミも多候て鏈多かふり候由満足申候、弥山ニ精を入可被申事
一、此飛脚に爰元之山之様子ミせてさし越候間、様子尋可被申候、扨々何も大成さかり様ニ満足申候事
一、爰元の敷多出候事、其元にても無之候事
一、爰元山大ニ盛候故駿府ゟ致逗留諸事可申付旨被　仰下候間、逗留申候、五月者可渡海候間可有其心得候事
一、おこまそくさいに候や、花も昼夜無心元由申候事、以上
卯月十六日　　石見守（花押）
宗岡佐渡殿
上る

これは年欠四月十六日付で大久保長安から佐渡国にいる宗岡氏に宛てた覚[45]である。年欠であるが、およそ慶長十三年と比定される。加えて長安の居所が「爰元山大ニ盛候故駿府ヨリ致逗留」との記述から当時伊豆金山にいたこともわかる。これによれば石見から佐渡に銀吹が派遣されていることに加え、石州から佐渡に「あい鏈」という鉱石が送られていることがわかる。つまり、この史料から石見から佐渡に送られた鏈とは「あい鏈」であったのである。この「あい鏈」は「あへ」のことであり、鉛鉱石のことと考えられる。

この時期佐渡相川は金銀生産の拡大にともなって灰吹法に用いられる鉛が不足する事態が起こっていた[46]。そのため「其地なまり山へ、山かうしやの者こし可申候由被仰下候、備中之なまり山仕候者三人、石見ゟ参者二人右之者共召連杉針右近まいらせ候て御山貸可申由被申候間、一両日中ニさしこし申候事」[47]とあり、備中・石見の山巧者を招来し、相川の山師杉針右近をして五十沢の鉛山の開発を行わせている。

おそらく石見からの「あい鏈」の移出はこのことに対応したものと推察される。
さらに、石見と佐渡における相互の鏈のやり取りに関しては、次の史料に大変興味深い記述が見られる。

以上

幸便候条一書令啓候、去年ハ御状被下候、相届忝拝見申候、其元御仕合能御座候由、及承、爰もとニて致休意候、此表何も無事ニ御座候、山も何も具御座候、乍去、此当年ハ鏈出不申候、能横相とも皆々精入切申候間、頓而能候ハンと存候、此以前は其元可舟預り申候故、年々舟頭とも参候て、御造作ニ被成候、就夫、書状とも進上申候事、今程は爰もとの鏈其元へ入不申候故、舟上ヶ申付候、弥申□心外ニ存候、今一度懸御目様御物語申承度念願まてニ候、御次之時は、山城様へ御取成候而可被下候、□□御用事候ハハ可被仰付候、恐惶謹言

卯月十二日　　岩崎玄斎

岩惣太様

人々御中

これは佐渡の岩下惣太夫に宛てた書状[48]であるが、差出人の岩崎玄斎については前掲「諸役者申付」からもわかるように石見銀山の役人である。したがって、これは石見の役人から佐渡のそれに宛てた書状である。これによると、以前には佐渡の船を預かっていたことから船頭も往来し書状なども進上できたが、現在では石見からの鉱石の移入が減少したことからその船が引き上げられたことなどが述べられている。つまり、鉱石の移出入のため佐渡・石見間において専用の船便が運行していたのである。さらに、船便については次の史料を注目したい。

覚

一、九月十一日之書状［　破損　］見候事
一、佐州へ越候鉄之儀被申越候、二八月ニ風の悪事ハむかしゟ定候ニ、態海へ捨度候者、直ニ湯津へ捨候て、但馬迄越候而被捨候儀不及分別候事
一、二八月船不乗儀ハ其元ニ而不被存候哉、かようの儀　御前へ何と可申上候哉、不及分別候事
一、今度石州子丑両年御勘定出入ニ付而三枝源蔵・増左近・岡作兵衛佐和山迄御供申、御そせう申上候、依之増嶋ハ佐和山へ御預、源蔵ハ濃州加納城へ御預、作兵衛ハ伊勢桑名へ被成御預候事
一、今度小刑遠州ゟ届米なとの弁も、皆々船ニてすたり候荷物迄わきまへ被申候、其意趣ハ八月ニ荷をつミ出候儀、曲事ニ而候間、わきまへ候へと被仰出候事
一、三月・四月・五月・六月・七月の内ニ破損候事ハ不慮候間、御勘定ニ立候ハ、二八月船不乗時荷積候事ハ曲事ニ候間、小刑ニわきまへ候へと被仰出候ニ、左様之処存なから何と可申上候哉、不及分別候事
一、我等今廿四日大坂へ着候、関東ニも御用多候間、夜通可罷越由申被仰付候間、其元にてもさして逗留も有間敷候間、可有其心得事
一、人馬之儀ハ最前之ものニ申越候事
一、ます田ニて麦子食越被申候、両度なから胸の塩うすく候て両胸くされ候何とてかよう申候よわく之分いたし毎年念入鳥をくさらかし候事手柄候事以上

九月廿四日　　石見守（花押）

吉岡右近殿
宗岡弥右衛門殿
今井宗玄（殿脱カ）

これは大久保から吉岡・宗岡・今井の三名に宛てた覚[49]である。年欠であるが慶長十年に比定されるものである。「其元にてもさして逗留も有間敷候間」との文言にあるように大久保は十月一、二日の両日中には石見に到着している。

さて、この史料では銀山の外港である温泉津から佐渡に向けて鉄が移送されていること、またその船が但馬辺りで難船し、これを宗岡等に対し大久保が叱責していることなどがわかる。この時期佐渡銀山は繁栄を迎えており、採鉱道具に必要な鉄の需要が増大したことが想像され、それを鉄の産地である石見から船便を利用して調達しようとしたのであろう。

このように佐渡と石見との間で船便が就航し、それを利用して鉱石および鉄の移送が行われており、宗岡弥右衛門はその担当者として直接このことに関与したのであり、彼もまた父と同様鉱山支配の中核にいたことが知られるのである。

四　大久保長安支配の終焉と宗岡氏

宗岡弥右衛門は銀山役人として石見銀山支配の中核的な存在であったが、その後彼は石見から佐渡国に渡海したようで次の史料はそのことを示している。

覚

一、我等煩無油断養生仕御奉公可申上と存候へ共、又此比ハ少風を引相煩、手足に腫気指出申候、加様に御座候へハ、何時ふと相果可申も不存候間、存命の内に覚書を以申上候事

一、石見銀山并地かた米売銀共に寅卯辰巳午未六ヶ年分御勘定者、酉年仕上御皆済被下候事

一、同所申酉戌亥四ヶ年分御勘定候、子年仕上、御皆済被下候事
一、同所子年よりハ江戸　将軍様へ被進候間、御運上江戸へ納申候、其内くさりにて残有之分ハ我等相果候共、彼地物主として指置候竹村丹後御勘定仕上可申候事
一、佐渡銀山之儀、辰年ゟ巳午未四ヶ年分之御勘定ハ酉年仕上、御皆済被下候事
一、同所申酉両年分之御勘定ハ、銀山并地かた米売銀共に子年仕上、御皆済被下候事
一、戌年ゟ江戸　将軍様へ被進候間、御運上江戸へ納申候、残而くさりにて御座候分も我等何時相果候共、彼地物ぬしとして田邊十郎左衛門尉・宗岡弥右衛門御勘定仕上可申候事
　中略
右大方覚候通、書立申上候、惣別少之儀もそれゝゝに物主を申付、物主手前よりすくに御勘定為致候様ニ、常々仕置候間、此書立に残候儀御座候共らち立可申候、右通可然様に被仰上可被下候、以上
　　丑
　　　卯月廿一日
　　　　　　　　大久保石見守判
　　藤泉州様
　　　参

この史料は大久保長安が死去する三日前に藤堂高虎に宛てた覚[50]である。これは大久保への勘定不正の嫌疑がかけられ、その弁明として作成されたものである。[51]これによると石見では竹村丹後守が物主であることが明記されており、彼が大久保による石見銀山支配の現地の責任者であったことがわかる。

また同様に佐渡では田邊十郎左衛門尉と宗岡弥右衛門の二名が物主として挙げられている。このうち

田邊は後述の如く大久保山城のことで異論はないが、もう一人の宗岡については「佐渡」とするには問題がある。なぜなら彼はすでに慶長十八年三月十六日に死去しており、わざわざ死去した人物を物主に置くことはありえない。したがって、この弥右衛門とは佐渡の子であることは間違いなかろう。

宗岡弥右衛門については前述のとおり、石見銀山役人として鉱山支配の中枢にいた人物であるが、前掲史料によると父の後任として佐渡の物主となっていたのである。弥右衛門が佐渡国に何時ごろ渡海したかは詳細を得ないが、死去する直前ではなかったかと想像される。

ところで、大久保長安の死後、大久保山城が田邊十郎左衛門の名を復し、佐渡奉行として引き続きその支配にあたったのに対し、弥右衛門については佐渡の役人として任用された形跡はない。大久保の死後における彼の手代の処遇については和泉清司による検討[52]があるが、それによると、大久保閥の一掃のため一族は「処断」されたが、前述の大久保山城や家老の戸田藤左衛門等の家臣については詮議を受けたものの赦免されている。

また、宗岡と同様佐渡の銀山方支配を担った岩下惣太夫については次の史料により佐渡国から石見に帰国したことが指摘される。

うけ取申ゆ屋役銀之事

合弐百目定　　但判銀也

右是者未の年中分ゆ屋役銀としてうけ取申候、以上

申八月五日　　岩下惣太夫　判

元和六申年

伊藤休意

この史料は温泉津町の湯主伊藤休意からの湯役銀二〇〇目の受取状[53]であるが、発給者として岩下の名前が見られる。彼もまた大久保の死後、故郷である石見へと帰国したのである。

さて、佐渡の宗岡一族についてであるが、たとえば宗岡七左衛門は「父佐渡死去以後浪客して相川米屋町ニ住居」[54]とあり、父佐渡の死後には一時期浪客の身となったようである。このことから弥右衛門も同様に佐渡国から退去せざる状況に置かれていたものと推察される。

佐渡出国後の弥右衛門については、元和二年頃には奈良奉行配下の大和国代官として宗岡弥右衛門の名が見える。[55]しかし、同五年には大和国内の幕領は私領に編入されたことにより、元和三から五年にかけていた一一名の代官は整理されており、宗岡もこの対象となって大和代官の職を解かれている。その後、彼は同九年頃に津軽国に赴いていることが次の史料によって確認できる。

金山定

一、津軽中金銀鉛銅山新見立、古間歩攪并只今迄掘せ候山共ニ一切其方ニ任候間、功者なるもの指下、山盛候様ニ仕置可被申付候事

一、金掘衆普請不成候所者、鍛冶・大工・人夫可申付候事

一、此方より慥成山奉行二人可申付候間、其方手代衆万可有御相談候事

一、蔵米之儀ハ金山つるニ付候而より払せ可申候、普請間歩之間ハ其奉行人手形次第、地下在郷ニて平米ニ山仕・金掘買次第ニ可申付候、并其方内衆扶持方切米之儀ハ始終共ニ右同前平米ニ可申付候事

一、諸国ゟ参候山衆・金掘之儀、領分へ出入自由ニ可申付候事

一、材木・留木・金吹すミ焼候儀、薪何も其方御用手向能所にて可申付候事

一、山衆・金掘共手前ニ取せ候給分之儀ハ鍵わけニ成共運上山ニ成共、其所々見合次第ニ可被申付候

事

一、金山之儀者諸公事成敗之儀、其方指図次第可申付候事

一、山中諸役所、番所へ其方より銘々ニ相衆指添可置之事

一、自国他国者ニよらす対其方不届慮外仕懸候者於有之者、御理次第急度曲事ニ可申付候事

一、其方上下為用所舟二、三艘分ハ可為無役之事

一、金銀鉛銅并諸役目惣而金山盛候ニ付、山中物成手前へ納候分之高ニ付而、五分一其方へ可進候事

一、誰人ニ不寄讒言於申者其方へ委相尋可申候、并わき〳〵より山望候者候共少も承引申間敷候、其段御気遣有間敷候者也

元和九年

閏八月廿日

津軽越中守（黒印）

信枚（花押）

宗岡弥右衛門殿

これは弘前藩主津軽信枚から宗岡弥右衛門に宛てた金山定書[56]である。長谷川成一[57]によれば本定書は信枚が国元ではなく京都か上方で発給したものであることが指摘されており、したがって宗岡は大和国を去った後、これらの場所にあったことが推察される。

さて、この内容からわかるように、①津軽国内の鉱山開発における一切の権限（第一条）、②金山における検断権（第八条）、③用船二、三艘分の諸役免除（第一一条）など、宗岡に対して過分の特権と保護が与えられていることが知られ、領主信枚が彼をいかに信頼していたかが窺われる。また、「其方内衆扶持方切米之儀」（第四条）とあり、宗岡には家臣がいたこともわかり、彼等を引き連れて津軽へと向かっ

たものであろう。

ただ、残念ながら津軽国内での彼の消息については史料を欠くため追跡することはできない。これについては今後の関連史料の発見に期待したい。

おわりに

本稿では石見銀山役人の宗岡家について検討を行った。以下にその結果についてまとめを行うこととしたい。

宗岡弥右衛門は毛利氏の銀山役人として仕えた後、大久保長安によって召し抱えられ、石見銀山支配の中枢にあった。彼は大久保政治の体現者として釜屋間歩の開発に関与し銀の大増産を演出するとともに、安原伝兵衛の伏見での家康への拝謁に随行し、この節吉岡とともに官途名を受領したと推察され、これ以後署名には「佐渡」と名乗るようになる。

また、これより先の慶長七年二月には吉岡とともに家康より伏見・桑名間の伝馬朱印状が与えられている。従来桑名行きの目的について何ら検討はなかったが、吉岡の二つ伝馬朱印状の事例や銀山附役人としての彼の職能などから伊勢国とりわけ治田銀山の見立御用の可能性が指摘される。

慶長八年には大久保が佐渡国の支配を任されたのを契機に、佐渡に渡海し銀山方の支配を担った。その功績により佐渡国内で七〇〇石の知行地を拝領し、大久保山城守とともに佐渡支配の中核を担ったのである。

宗岡佐渡には父の名を襲名した弥右衛門が別にあり、宗岡佐渡の佐渡国渡海後には父にかわって石見銀山の役人として支配にあたったのである。彼は吹屋の経営に関与するとともに銀山役人として吉岡右近等とともに石見銀山支配の中枢にいた。とくに彼は佐渡からの鉱石移入を担当したが、これにあたっては佐渡と石見間での船便が利用されたことが本稿では明らかとなった。

弥右衛門はその後、佐渡国に渡海し、父に代わって物主として佐渡の勘定の責任者となった。しかし、大久保長安の死後佐渡国を出国し、元和期には大和代官としてその支配にあたったがその後大和国内の幕領の整理によって代官の職を解かれ、その後津軽の金銀山へと移っていったのである。

なお、本稿では検討が及ばなかった宗岡の大和代官就任の経緯や弘前藩主津軽信枚との関係、そして津軽での具体的な鉱山開発の実態については今後の課題としたい。


【注】

(1) 村上直「近世初期における石見銀山支配―大久保石見守長安を中心に―」『駒澤女子短期大学研究紀要』第二号一九六八年、同「近世初期石見銀山の支配と経営―大久保石見守長安時代を中心に―」『徳川林制史研究所紀要』昭和五十六年度　一九七九年。
(2) 杣田善雄「大久保長安の居所と行動」『近世前期政治的主要人物の居所と行動』京都大学人文科学研究所、一九九四年。
(3) 「宗岡家由緒書」宗岡家文書。
(4) 慶長三年（一五九八）七月一日「銀山大谷之内屋敷掛銭下札」阿部家文書。
(5) 慶長三年（一五九八）七月五日「毛利輝元書状」吉岡家文書。
(6) 年未詳九月二十五日「大久保長安覚」吉岡家文書。
(7) 国立国会図書館所蔵。
(8) 慶長七年十月十三日「大久保長安覚」吉岡家文書。
(9) 新訂増補国史大系『徳川実紀』第一編（吉川弘文館、一九九〇年）八六頁。
(10) 吉岡の佐渡国への渡海については『佐渡年代記』（慶長九年条）に「横地所左衛門・原土佐・吉岡出雲等石見守に従ひ来り、所左衛門は赤泊に住し、水津迄の郷村を預り、土佐は小木の古城に住し、西三川迄を預り、出雲は銀山の事を沙汰す」とあり、慶長九年大久保の佐渡入国に随行したとされる。しかし、慶長九年二月附大久保長安覚では吉岡の佐渡国在住が確認でき、慶長八年には佐渡渡海した可能性が指摘される。
(11)『石州銀山紀聞』国立国会図書館蔵。
(12)前掲注(11)『石州銀山紀聞』。
(13)早稲田大学図書館古典典籍データベース。
(14)国文学研究資料館所蔵。
(15)高橋正彦編『大工頭中井家文書』(慶応通信、一九八三年)一五六頁。
(16)曽根勇二『近世国家の形成と戦争体制』(校倉書房、二〇〇四年)二六二頁。
(17)前掲注(1)村上論文。
(18)前掲注(11)『石州銀山紀聞』。
(19)慶長七年十一月二十二日「伊那忠次・長谷川長綱・大久保長安連署状」吉岡家文書。
(20)『當代記・駿府記』(続群書類従完成会、一九九五年)。
(21)年欠二月二十日「伊豆仕置覚」(和泉清司『代官頭文書集成』文献出版、一九九九年、七一二頁)。
(22)前掲注(21)「伊豆仕置覚」。
(23)小葉田淳「伊勢治田銀銅山史の研究」(『史林』第五八巻第二号 史学研究会、一九七五年)。
(24)「多志田南河内銀山稼帳」(『日本鉱業史料集』第一期近世篇五、白亜書房、一九八一年)。
(25)佐渡郡教育会編『佐渡年代記』上巻 臨川書店、一九七四年。
(26)前掲注(25)に同じ。
(27)年未詳十一月十五日「大久保長安覚」吉岡家文書。
(28)『佐渡相川の歴史 金銀山史料』(新潟県佐渡郡相川町、一九七三年)六二三頁。
(29)川上家文書、相川郷土博物館所蔵。
(30)前掲注(29)に同じ。
(31)年未詳十一月二十七日「大久保長安覚」阿部家文書。
(32)慶長十一年八月十四日「大久保石見守知行宛状」(『黄金の国々—甲斐の金山と越後・佐渡の金銀山』「黄金の国々—甲斐の金山と越後・佐渡の金銀山」展実行委員会、二〇一二年)。

(33) 慶長八年七月晦日「大久保長安知行宛行状」吉岡家文書。
(34) 慶長十六年二月二十四日「吉岡出雲書状」吉岡家文書。
(35) 慶長七年七月二十八日「年貢収納覚」吉岡家文書。
(36) 慶長十六年二月二十四日「吉岡出雲書状」吉岡家文書。
(37) 年未詳正月六日「大久保長安覚」阿部家文書。
(38) 佐野家文書。
(39) 年未詳十二月二十五日「大久保長安覚」阿部家文書。
(40) 高橋家文書。
(41)「温泉役御請取書写」伊藤家文書。
(42) 慶長十年十月二十六日「石見銀山諸役者申渡書」吉岡家文書。
(43) この宗岡弥右衛門と佐渡と同一人物であるという前提でみればこれを宗岡佐渡と見なすこともできる。しかし、この時期佐渡は石見銀山に居らず佐渡国在住していることから、これは佐渡の子弥右衛門である。
(44) 吉岡家文書。
(45) 年未詳四月十六日「大久保長安覚」阿部家文書。
(46) 佐渡金銀山における鉛の問題については拙稿「金銀山開発をめぐる鉛需要について」(『鉛同位体比法を用いた東アジア世界における金属の流通に関する歴史的研究』二〇〇九—二〇一一年度科学研究費補助金新学術領域研究、研究代表者平尾良光別府大学文学部教授、二〇一二年)六六-八四頁(のち平尾良光・飯沼賢司・村井章介編『大航海時代の日本と金属交易』思文閣出版二〇一四年所収)に詳しい。
(47) 前掲注(28)『佐渡相川の歴史　金銀山史料』。
(48) 年未詳四月十二日「岩崎玄斎書状」川上家文書。
(49) 年未詳付「大久保石見守覚」阿部家文書。
(50) 慶長十八年四月二十三日「大久保長安覚」(和泉清司『代官頭文書集成』文献出版、一九九九年)。
(51) 大野瑞男「大久保長安の新出史料—戸田藤左衛門所蔵文書写—について」(『東洋大学文学部紀要』史学科篇(13)、一九八七年)。

(52) 和泉清司「大久保長安「処断」の再評価とその一族」(『近世・近代における歴史的諸相』創英社、二〇一五年)。
(53) 前掲注(41)「温泉役御請取書写」。
(54) 「覚」阿部家文書。
(55) 大宮守友『近世の畿内と奈良奉行』(清文堂、二〇〇九年)。
(56) 中村俊郎氏所蔵。
(57) 長谷川成一「元和九年(一六二三)閏八月二十日の津軽信枚金山定書状について」(『弘前大学国史研究』一二〇、二〇〇六年)。

代官井戸平左衛門の事績と顕彰

藤原雄高

はじめに

江戸幕府の直轄地では、代官による地方行政が地域に直接的な影響を及ぼすため、短い任期にもかかわらず、後世に名を残す代官が少なからずいる。その中には、代官の仁政をもって地域の領民たちにより顕彰碑、頌徳碑、生祠などが建立される場合もあり、それらは代官と地域社会との関係を考える上で重要な要素とされている。[1]

石見銀山御料においても、石見国大森代官をつとめた井戸平左衛門正明、天野助次郎正景[2]、森八左衛門信任[3]らの頌徳碑が建立されている。これらは彼らの地方政策が地域で高い評価を受けたことの表れといえよう。とくに井戸平左衛門は、享保の大飢饉に果敢に立ち向かい、地域の領民のために年貢の免除・減免や薩摩芋の導入などを実行したとして、万民から評価を受けた代官である。井戸代官の功績をたたえる頌徳碑は五〇〇基にのぼり、明治十二年（一八七九）には彼を祀る神社が創建され、現在でもなお「いも代官」として親しまれ、語り継がれている。しかしながら、このような石見銀山御料の名代官として評価を受ける人物でありながら、意外にも具体的な地方政策や顕彰の過程については論じられていないように思われる。

明治後期以降、山口菊件[4]、安井好尚[5]、恒松隆慶[6]、渡辺秋人[7]、宮本常一[8]ら多くの人により彼の生涯の事績を書き綴ったものが著されているが、それらは偉人伝的な側面が強く打ち出されたものとなっている。その他、代表的なものでは、村上直[9]が井戸代官の民政の姿を中心に紹介し、石村勝郎[10]が地域に残る彼の足跡をたどって書き記し、さらには自治体史が享保の大飢饉や頌徳碑との関連で事績を取り上げている。ただ、いずれも顕彰の過程で創作されたと思われる説話が事績を語る際に混在された状態にあり、現在もそこで語られる架空のエピソードがあたかも実話であるような印象を抱かせたまま展開していることもしばしばある。一方で、顕彰の背景については、江面龍雄が天保の大飢饉に際して井戸平左衛門の治績と恩沢が追懐されたとしたうえで、「牧民官の再現を待望する民の切なる願望が、そしてまた時の政治に対する声なき民のレジスタンスがこうした形となって表現されたもの[11]」としているが、実証的な分析はおこなわれておらず、考察の余地があるように思われる。

そこで本稿では、代官井戸平左衛門の動向と事績を一次史料により明らかにした上で、地域でどのような過程を経て顕彰及び頌徳碑の建立が進められていたか検討し、その背景を考えていきたい。

一　井戸平左衛門の事績

(一) 井戸平左衛門の出自

井戸家の嫡祖は、慶安四年（一六五一）に徳川綱吉に召し出され、江戸城三之丸御殿、神田御殿の勘定役として綱吉の下で勤仕した井戸新左衛門正盛である[12]。寛文十二年（一六七二）、新左衛門が死去すると、嫡子新助正房が跡式を継ぎ、綱吉の江戸屋敷である神田御殿に召し出される。さらに新左衛門の次男平左衛門正和（以下、井戸平左衛門正明と区別するため井戸正和と記す）も、同様に神田御殿で勘定役をつとめる。彼らは、延宝八年（一六八〇）、綱吉の嫡男徳松に随い江戸城西ノ丸御殿で勤仕し、新助は俸禄一五〇俵、正和は俸禄一〇〇俵をそれぞれ賜り、御家人に取り立てられる。天和三年（一六八三）閏五月二十八日、徳松が逝去したことにともない、同年十一月二十五日、二人とも勘定に列せられる。

その後、井戸新助は貞享四年（一六八七）十二月に死去すると、翌年の元禄元年（一六八八）七月十二日に嫡子の半次郎正貞が跡式を継ぎ、小普請組に入る。一方で、井戸正和は、「先祖書」[13]によると、御本丸の御定役、京都大坂関東筋惣御入用積御用、上方関東筋惣御代官御勘定仕上ケ滞御吟味掛御用などを歴任し、元禄元年十一月に本所石原元御蔵屋敷に三〇〇坪の屋敷を拝領したという。そして同年十二月十一日に五〇俵を加増され、俸禄一五〇俵となる。しかし、跡継ぎに恵まれず、元禄五年四月に御徒野中八右衛門重貞[14]の嫡子安右衛門正明を養子に迎え、間もなく死去する。こうして井戸平左衛門正明は井戸平左衛門正和を初代とする井戸家二代目の当主となる。

井戸平左衛門は、元禄五年七月二十二日に養父正和の跡式を継ぎ、無役の小普請組に入る。元禄十年三月十九日、江戸城中の火災の警戒にあたる表火之番となり、元禄十五年九月五日に勘定奉行の下僚である勘定に昇進。同月二十八日に御白書院で五代将軍綱吉に謁見する。その後、勘定として諸国河川の治水工事や幕府直轄地の巡見、代官に付き添い作毛の検査などをおこなう。彼の仕事における評価は高く、享保六年（一七二一）六月五日に日頃の精勤を評価されて黄金二枚を賜り、享保十年八月九日には諸地域での検見添役の功績に対して黄金二枚を拝領している。このような勘定としての業務の中で、石見銀山御料との接点が生まれる。

享保十四年、井戸平左衛門は検見添役として石見銀山御料へ赴き、大森代官の海上弥兵衛良胤に添って作毛の検査をおこなう。「三次町諸用日記」[15]によると、井戸平左衛門は享保十四年閏九月六日頃に大坂を出発し、十六日に大森陣屋の出張陣屋のある備後国甲奴郡上下町に到着。そして前日の十五日に上下陣屋に到着した代官海上弥兵衛とともに出立し、二十日に備後国三次郡三次町に宿泊する。その際には、三次奉行からの贈り物を返却し、料理のもてなしを断り、木賃として銀六匁を支払っている。誠実で実直な人柄があらわれている。翌二十一日、井戸平左衛門と海上弥兵衛は三次町を出発し、石見銀山御料へと向かった。石見銀山御料での検見の様子は不明である。石見銀山御料での検見添役の役務を終えて三次町へ戻るのは十月十七日のことである。

(二) 代官井戸平左衛門の動向と事績

享保十六年九月二日、井戸平左衛門は代官に任命され、十月三日に時服を拝領する。井戸平左衛門の大森代官在任中の動向は、石見国邑智郡小原町の林家で書き留められた「石州隠州諸事書上帳」[16]により詳しく知ることができる。

井戸平左衛門様

享保十六年亥十月九日ニ江戸ヲ出、十一月六日ニ此方昼休、上下十四人、外ニ籠廻り四人、宇内様二人、〆廿人此方ニ而めしくいなられ、なつけニ香物斗ニ上り被成候

此時手代衆

一、木村宇兵衛様　手代役

一、松沢又太夫様　おたい所役御用人

一、御手廻り三人

御手代元しめ

一、小柳津宇内様

一、杉山郡兵衛様

一、佐藤園右衛門様

一、日比官助様

右四人十月廿九日大森へ御付ニ被成候、跡ハ九日市泊り
殿様亥ノ十一月廿七日頃ニ大森御出立被成、江戸へ御帰り被成候、大方十二月廿七八日頃ニ江戸へ
御付可被成候
子三月御子息様御死去被成候
一、平左衛門様子七月江戸ヲ御出被成候而、上下迄廿日頃ニ御付被成候、廿六日ニ上下ヲ御出御煩被
成候而、三吉ニ廿七日迄御逗留被成候、廿八日赤穴御泊り見廻ニ我等参り候、廿九日此方ニ御泊
り被成候、殿様共ニ上下十五人、外ニ宇内様二人御むかいニ御出被成、〆十七人、外ニ籠廻し四
人、上下内孫三郎方ニ宿仕候
此年虫付ニ而御見検直ニ被成候、大方三つ二つハすたり申候、九月廿八日に大森ヲ御出、出雲御通
り笠岡備後備中へ御廻り被成、十月十三日頃上下へ御付ニ被成候
それ𛀙与州へ御越被成候而、十二月十二日頃ニ上下迄御帰り被成候、此元へ十二月十六日ニ升屋御
泊りニ御戻り被成候
(中略)
一、殿様大森ニ而御越年被成候、ゆのつへ夫食渡しニ丑正月廿日頃ニ御出被成候而、又ゆのつニ而御
煩被成候、廿六日ニ大森へ御帰り被成候、それ𛀙五ヶ所へ二月二日ニ御出被成候、十二日頃ニ大
森御帰り被成候、それ𛀙うへ人御見分ニ御廻り被成候、上下十人つれニ而此方ニ御泊り被成候
一、四月五日ニ大森ヲ御出□□□御昼休ニ而上下笠岡まで御出、四月十六日晩𛀙煩付被成候而、五
月廿六日ニ笠岡ニ而御死去被成候、廿九日ニ御そうれい御座候
一、御手廻り　牛尾磯八様
一、同　　　　宇八様
一、同　　　　金子政右衛門様

一、御用人　小林郡治様
一、御代所　石橋多久右衛門様
一、御手代様　渡辺清八様
一、森仲右衛門様

井戸平左衛門は、江戸城躑躅之間で時服を拝領した六日後、十月九日に江戸を出発し十一月六日に邑智郡小原町に到着する。ここで十月二十九日頃に邇摩郡大森町の大森陣屋に先着していた手代元締の小柳津宇内と合流し、大森陣屋へ向かう。到着後、さっそく十一月中に年貢割付状を発給しており、その過程で各村の概況を把握したものと思われる。そして約二十日間ばかりの滞在を経て、十一月二十七日頃に大森を出発し、約一か月かけて江戸へ帰着する。

次に大森陣屋へ赴くのは半年以上先のことになる。この間、江戸では部屋住勘定をつとめていた嫡子角十郎敬武が病死している[17]。そのため井戸平左衛門は、同年七月に美作国久世代官の窪島作右衛門長敷の次男内蔵之助正武を養子として迎えるという願い出を幕府におこなっている。しかし、その許可が出される前に、江戸から石見国へ向けて出発している[18]。これには初夏より西日本を中心に享保の大飢饉に陥ったことが影響したと考えられる。石見地方でも、六、七月頃から稲に害虫が付くという被害が確認されており[19]、その現況に対応すべく一刻も早く現地へ戻ったのであろう。

享保十七年七月、井戸平左衛門は江戸を出発し、上下陣屋に七月二十日頃に到着する。そこから三次郡三次町まで赴いたところで具合を悪くして一時滞留するも、七月二十九日に邑智郡小原町で宿泊し、大森陣屋へ向かっている。八月から九月にかけては大森陣屋を拠点に虫付きの実地調査をおこなっている。その被害状況について、「大方三つ二つハすたり申候」と例年の二、三割の不作に陥ったとしている。安濃郡大田町の医師中嶋見龍の診察を受けたのはこの期間であろう[20]。その後、石見国内では十一月に各村に年貢割付状が出されるが、特に甚大な被害を受けた安濃郡鳥井村[21]や邇摩郡磯竹村[22]、那賀郡黒松村、那賀郡都治本郷[23]などは「此取米なし」として年貢米を免除した一方で、邇摩郡井田村、邇摩郡波積北村[24]などでは年貢米の減免、邑智郡大貫村[25]では定免通りとするなど、現地検分の結果を反映させた年貢の割付をおこなっている。

さて、九月二十八日、井戸平左衛門は大森を出発して、出雲国を通過し、備後国から備中国小田郡笠岡村へと巡検している。備中国の幕府直轄地は、同年六月二日に笠岡代官の竹田喜左衛門政為が死去したことを受けて、秋より久世代官の窪島作右衛門とともに預かっている地域であり、笠岡村には陣屋が設けられていた。[26]ここでは十月に窪島作右衛門と連名で各村へ年貢割付状を発給しており、現存する小田郡真鍋島の年貢割付状では検見により年貢米が減免されていることがわかる。[27]

その後、十月十三日頃にいったん上下陣屋へ赴き、そこからさらに伊予国へ向かっている。享保の大飢饉の深刻な被害を受ける伊予国への渡海の理由は定かではないが、備中国の年貢米が別子銅山への買請米となっていることが関係しているのではないだろうか。[28]そして十二月十二日頃に再び上下陣屋まで戻り、十六日に邑智郡小原町で宿泊し、大森陣屋に帰着して年を越している。なお、同年十二月には、幕府より畿内と西日本の幕府直轄地に対して飢人の相互扶助を説いた触書が出され、井戸平左衛門により支配下の村々へ制札が建てられた。[29]

享保十八年一月二十日頃、井戸平左衛門は邇摩郡温泉津町へ夫食渡しに赴く。これは幕府の飢人救援振興の方針を前提に、前年十一月各村に対して夫食米の貸与を願う人数を報告させたことに基づき実施したものであり、同様の夫食貸は笠岡陣屋支配下の小田郡有田村でも確認できる。[30]この夫食貸は、享保二十一年からは返納の必要が生じるものの、それまでは御救いとして無利息で貸し渡された。[31]ただ井戸平左衛門は温泉津町で具合を悪くして、一月二十六日に大森へ帰着している。[32]しかしながら、二月二日には石見国西部の幕府直轄地である津茂五ヶ所[33]へ赴き、十二日頃に大森陣屋に帰着した後、すぐさま飢人の検分に石見国内を巡見している。

その後、四月五日に大森陣屋を出発し、上下陣屋へ向かう。恐らくこれは同月に幕府勘定所が井戸平左衛門に対して、上下詰手代の伊達金三郎[35]へ俸禄百俵及び徒目付格の幕臣に取り立てることを申し渡すように指示したことを受けてのことと考えられる。[36] 伊達金三郎は、四月二十三日江戸に召し出され、「郡民の利病に熟知せしもの」と評価された上で、その後も「正明が指揮にまかせ。飢民賑救のことつかふまつるべし」と、しばらくは引き続き井戸平左衛門の下で業務にあたるよう命じられた。[37]

そして井戸平左衛門は上下陣屋からさらに笠岡陣屋へ赴くも、四月十六日に再び具合を悪くする。そのため石見国、備前国、備後国など各所から医師を招き寄せて様々な治療を受けるも回復には至らず、[38]五月二十六日に笠岡陣屋で死去する。[39] 葬礼は二十九日に小田郡笠岡村の威徳寺で営まれた。法名は「良忠」、享年六十二歳である。

享保十八年十二月二日、井戸内蔵之助が跡式を継いで小普請組へ入り、井戸家三代目となる。一方で、大森代官は久世代官の窪島作右衛門が六月から九月まで預り、同年八月十九日に代官に転じた布施弥市郎胤條が十月より着任した。

以上のように、井戸平左衛門は、わずか在任一年半余りの間に、石見国、備後国、備中国の管轄地を自ら東奔西走して未曽有の大飢饉に対応すべく実態把握に努め、幕府の飢饉対策に則りつつ地域の実情に応じた処方をおこなっている。これは勘定として約三十年にわたり全国を巡見してきた経験に基づくものといえよう。

なお、管見の限り井戸平左衛門の薩摩芋の導入に関する一次史料は確認できていない。ただし、享保十九年三月には邇摩郡温泉津町において「さつまいも種子大国より参候」（八日）、「さつまいも植申ニ付」（十七日）と、薩摩芋の栽培に関する史料[40]を確認できる。どの時点で石見国内に薩摩芋が導入されたかというのは今後の課題としたい。

二　井戸平左衛門の顕彰

（一）井戸代官の顕彰の動き

日向国佐土原藩の修験者野田泉光院成亮は、文化十一年（一八一四）四月七日、邇摩郡小浜村を訪れたときの日記[41]に、次のように記している。

此辺道筋所々石碑あり。閲すれば、銀山御領地代官井戸平左衛門と云人、享保年中当地飢饉にて人民餓死するもの多くありたる故、夫を愍み玉ひ、江戸表へ訴へ救米を申請け、且又九州より琉球芋を多く御求めありて百姓へ御渡しあり、夫より芋を植へ年々産出す、故に飢饉の年も此芋いて助かる、因て其恩徳を感じ、村々にて生月には法事を相勤め、右の如く石碑を建て崇め奉る、仁心は百代の宝とは是を云ひたれども、仁愛は施しがたき事なり。

これによると、十九世紀初めには街道沿いの各所に井戸平左衛門を崇拝する石碑が建てられていることがわかる。その理由として、享保の大飢饉において、江戸表へ訴えて救援米を得たこと、さらに九州より薩摩芋を入手して地域に配布し、それを栽培して生育させたことにより、その後の飢饉に対応することができたことを挙げている。[42]そしてその恩恵をもって祥月命日に法要をおこない、石碑を建てて崇めている様子を聞き記している。

このような姿は安濃郡波根東村の加藤家に伝わる『観聴随録[43]』でも確認できる。

一、文政三年辰年泰雲院殿儀岳良忠大居士石塔造立有、奉加取立人高野多吉、三谷利助、其外世話人如形成就する、元来長福寺ニは往古より毎年五月廿五日晩ヨリ廿六日之御法事あり、是ハ寺ノ役目と勤ム、今ハ村方より芋作人より芋を取立、長福寺、立善寺へ芋ヲ上ル、故格年ニ十月頃法事毎年勤、其外善光寺、大恩寺、小寺々へも少しツ、役家より配分有、此殿様コト筆紙難尽飢饉覚書とて別巻集記シ置、行テ見へし、其年皆済目録当家所持する、其時庄屋加藤三右衛門職利也、別記直筆ニ委敷あり

ここでは往古から長福寺で毎年五月二十五日晩から翌日にかけて「寺ノ役目」として法事が執りおこなわれてきたばかりでなく、近年は十月に各寺へ薩摩芋を奉納し、長福寺と立善寺では毎年法事が営まれていることが記されている。そして享保の大飢饉の年の年貢皆済目録を保管し、飢饉覚書を編纂するなどして、井戸平左衛門の事績を引き継ごうとしている様子がみえる。このような経緯のもとで、波根東村では文政三年（一八二〇）に石塔を建立するに至っている。[44] その後、天保三年（一八三二）の井戸平左衛門の百回忌に際しては、四月二十五日の夜から翌日の朝、及び十一月二十五日から翌日の朝に長福寺で法事が賑々しく営まれた。

江戸後期、井戸平左衛門の祥月命日前後や薩摩芋の収穫後に寺院で法要をおこなう事例は各所で散見される。特に後者では、「芋初尾」、「芋初穂」と称し、それぞれの村の寺院へ薩摩芋を持ち寄り、読経をおこなっている。[45] このような法要の場では、井戸平左衛門の功績が法話として語られた。邇摩郡馬路村の満行寺には芋法座で読み上げられたとされる『暉恩伝』[46]が残されている。これは、井戸平左衛門が南海の僧から琉球芋の話を聞き、薩摩より芋種を求めたこと、江戸に歎訴し年貢を免除したこと、他国に米穀を求めて飢人へ配ったことなど、井戸平左衛門の「実ニ稀ナル名君トイフヘキ」功績を書き記すことで、「府君ノ伝ヲ明シテ以テ其仁恵ヲ知ラシメント欲ス」ものとして作成されたものである。文化年間のそれと比較すると、説話がより具体的かつ拡張・誇張化している様子が見えるが、こうした仁恵を法要で説くことで井戸平左衛門の名君像が形成され、地域に顕彰の輪が広がっていき、各地に頌徳碑が建

立されるに至ったといえる。

なお、このように顕彰が進んだ背景には、薩摩芋が農地の少ない石見地方にとって重要な産物であったことも大きく影響しているであろう。寛政十一年（一七九九）、大森陣屋からの申渡を受けて大森町で作成した取締書[47]の中では、次のように記されている。

一、琉球芋之儀者地味悪敷土地ニ茂能生立勝手成作物ニ候処、適々ニ茂作り候者有之候得者未実熟不致内ゟ盗取候ニ付作付不相成趣ニ相聞候、畢竟稀ニ作候ニ付掘取候事ニ候間、已来者多少者格別畑作致候もの者一同作附可仕旨被仰聞承知仕候事

（史料中の傍線は筆者による。以下、同じ。）

すなわち薩摩芋が肥沃ではない土地柄でも育つ作物でありながら作付が稀であるとしたうえで、畑で作物を作っている者が一同で作るように命じられたことを承知したとしている。一方で文政五年の段階で一〇八戸（二か寺を含む）、合計九反四畝二五分に薩摩芋を植え付ける安濃郡志学村[48]では、

一、薩摩芋之儀夫食第一之品ニ候処、植増方不行届心得違之事ニ候条、百姓共銘々出精作立、夫食ニ茂堪足いたし、其余者売出候程ニ心掛、年々作立反別御届可申上候事[49]

と、薩摩芋を「夫食第一之品」として、きちんと管理を施した上で百姓が栽培に力を入れて食料として、さらには余剰分を売却できるほどまでに心掛け、毎年反別を提出するとしている。薩摩芋が地域で如何に寛容な存在であるのかをうかがい知ることができよう。

（二）頌徳碑の建立

江戸後期以降、井戸平左衛門の徳を称える石碑が各地に建てられるようになる。宮本豊の調査によると、その数は五〇〇基を超えており、島根県の他にも鳥取県や広島県等でも確認されている。このうち正確な建立年が判明する江戸時代の石碑に限ってみると第1表の通りである[50]。

最古のものは那賀郡太田村の文化四年建立の石碑であるが、文化期の石碑はこの他も邇摩郡波積北村、那賀郡黒松村、後地村、都治本郷、浅利村、上川戸村と江の川河口域の波積組[51]の村々にのみ確認できる。ここから各地へと広がっていったことが考えられる。その後、石見銀山御料内では嘉永安政期に集中して頌徳碑が建てられている。その理由は定かではないが、嘉永七年（一八五四）に邑智郡祖式村四基と水上村、安政四〜七年（一八五七〜一八六〇）に邑智郡乙原村、浜原村、奥山村、惣森村、枦谷村というように、周辺地域の動きに影響を受けたことが考えられる。また後述する「恩謝浄財録[52]」が作成されたことも、ひとつのきっかけとなったのかもしれない。

一方で、文政十二年には出雲国島根郡片江浦、天保期には石見国浜田藩領や伯耆国と、石見銀山御料外でも石碑が建てられるようになる。このうち美保関、大根島、弓浜半島の石碑の多くは天保期の建立であり、短期間にこの地域一帯に波及的に広がっていることがわかる。なお、この地域の碑文はすべて戒名であり、薩摩芋をもたらした井戸平左衛門への供養が設置の目的であったといえる。さらに石見国浜田藩領では、嘉永期以降に徐々に浸透している様子が見える。このようにして石見銀山御料内では四

第１表　江戸時代に建立された井戸平左衛門の頌徳碑

	石見銀山御料	石見国（浜田藩）	出雲国（松江藩）	伯耆国	因幡国
文化	7				
文政	5		1		
天保	4	1	8	4	
弘化	1				
嘉永	12	2	2		
安政	16	7			1
万延		1			
文久	1	7	1		
元治		2			
慶応	1	1		1	
合計	47	21	12	5	1

七基、石見銀山御料外を含めると少なくとも八六基もの頌徳碑が建てられた。ただし、石見国津和野藩や出雲国母里藩、広瀬藩などでは、管見の限り江戸時代の石碑は確認できなかった。

それではこのような頌徳碑は地域で如何に建立されたのであろうか。現存する奉加帳等より、各村の頌徳碑建立の具体的な事例を見ていきたい。

例えば邇摩郡波積北村[53]では、頌徳碑を建てる際の費用は、文化十一年から文化十二年にかけて、五人組ごとの単位で各戸から納められている。その額は、銭一貫文から五文と幅広く、合計一〇八人から銭一二貫九八五文が集められた。そのうち一二貫文は石工伊平太、金兵衛に石塔代として五回に分けて支払われた。また、石塔立場の地拵えの人足賃として八〇〇文、石塔を据える際の人足賄い代として四八〇文、紙代五〇文などの諸経費がかさみ、最終的には四四七文の不足となった。そのためその不足分は文化十三年十月の初めての法要にあたり、各戸から納められた二貫四〇六文から補てんされた。またその中からは、石塔の法名の文字を調えたお礼として岩龍寺へ五〇〇文、開眼法要の志として福城寺へ銭一貫文及び白米二升、石塔の世話人三名へ献料心付などが支払われた。なお、開眼法要の際には、各組から合計薩摩芋一二貫目（七五斤＝四五キログラム）も奉納された。

邑智郡大貫村[54]では、弘化三年（一八四六）から村内の九人の世話人の下、村内の一二二人が施主となり、金三両二分二朱、銀一七四匁一分四厘が集められた。ここでも大貫村庄屋の西田屋は金三両、境屋は銀一〇匁と高額の寄付をおこなう者もいれば、最少では銀二分七厘の者もいた。石塔の設置にあたっては、大貫村の村中で建立することになったのを受けて、福光石工徳兵衛が大貫村側の世話人の一人である森脇沢吉へ働きかけをおこない、「極上青石」を銭二〇貫五〇〇文で調えるはこびとなり、嘉永二年二月二十六日に石塔積登船方五人により施行された。しかし、当初の計画とは異なり、石塔が「並石」で調えられたため、大貫村は満額を支払うことに難色を示したが、徳兵衛は後年の雪霜によるしみや痛みに対応するとして容赦を願い、結果として減額されることはなかった。

邇摩郡西田村では、[55]安政二年に各組（矢瀧谷、机原谷、上市、老原谷、下市、郷中）ごとに合計一四〇人から合計銭四八貫八九〇文が集められた。その他にも西田村の有力者である殿居、蔵座から金二両ずつ、そして瑞泉寺、清源寺、称名寺、願楽寺、浄林寺といった寺院、水上神社の宮司宮能氏、さらに福光石工との仲介にあたった邇摩郡温泉津町の木津屋などからも納められた。石塔の設置にあたっては、石塔の請負賃として福光石工へ銭五一貫文、石塔の築地の請負賃として西田村石工へ二〇貫文、石碑の揮毫代として梅保氏へ金二分などが支払われた。また開眼法要にあたっては、清源寺へ金二分が包まれたほか、角力入用として銭三貫文が払われた。

頌徳碑の中には、邇摩郡静間村の椙野氏が篆額を浅野長祚へ、碑文を儒学者の佐藤一斎に依頼した「縣令井戸君表碑」[56]のように、個人で建立を計画したものも確認できる。しかし、現存する頌徳碑で「〇〇村中」、「〇〇組中」、「世話人〇〇」などと刻銘されたものについては、このように各村で世話人の呼びかけに応じて、各戸それぞれからの寄付により設置されたものといえるだろう。

三　井戸家復権の画策

(一) 井戸金蔵の代官昇進の模索

天保四年（一八三三）四月、江戸本所緑町四丁目山下太右衛門成章から大森陣屋の御用商人である田儀屋三左衛門信英に対して、井戸家用人の関口丹治を遣わすとの書状[57]が送られる。両人は、代官大岡源右衛門貞直の元締田中藤右衛門、代官根本善左衛門玄之の元締山崎新次郎らを通じて交流を持っていたとみられ、山下氏からの依頼で田儀屋より半紙、中保を発送するような間柄でもあった。[58]

山下太右衛門は、この書状において、備中国小田郡笠岡村の威徳寺にある井戸平左衛門の墓所参拝に、彼の子孫にあたる井戸金蔵正紀の名代として関口丹治を近日中に遣わし、そこから石見の地へ赴かせ「大森附郡中海辺村々者勿論其外も一躰ニ故井戸之仁慈を慕ひ、昨年も回向料取集メ候由」についてお礼を申しあげる旨を伝えた。その上で、右筆をつとめる井戸家五代目の井戸金蔵について、次のようなことを述べている。

（前略）郡中も右之次第ニ而当金蔵殿御代官ニも被仰付御地御支配等ニも相成候得者、別而歓敷、兼而祈念いたし居候趣ニも相聞候処、右先代之余光仁篤之顕ハれ候儀ニも御座候哉、（略）此後明キさへ有之候得者、速ニ御転役被成候様子ニも相聞、小子も至而御懇意時々立入雑談等もいたし候処、御家内一同睦敷、いつれも能き御方、自然ゟ天福も可有之躰、旁明キさへ有之候ハヽ、多分転役必定与被存候（略）殊ニ当時之御支配根本公場所替専相願候よし其筋ゟ内々承候、依而者少も早く井戸御役ニいたし、御地江為乗込度もの与内願いたし罷在候（後略）

すなわち井戸金蔵が大森代官ともなれば、先祖の余徳をもって郡中の支配に存分にあたることができ、地域にとっても利益となるものであると論じた上で、代官職に空席ができれば井戸金蔵が転役する可能性があり、その場合には大森代官へ着任することも平易であろうと述べている。また根本現代官も異動願いを出しているとの情報があるとして、井戸金蔵を後任に推すことへの内願をするとしている。さらに関口丹治について、実際は井戸家より依頼を受けた元代官所役人の大坪甚兵衛であるとし、彼を通じて内密に会談するよう依頼しているのである。またこの書状の取り扱いについても、「御読後御火中相煩御捨之儀ニ御座候」として、すぐに焼却するよう細心の注意を払っている。その後、関口丹治は五月二十六日に威徳寺での法要に参拝した後、夏に大森町を訪れて田儀屋に止宿した。それにあたり石見銀山御料内や津茂五ヶ所への働きかけ等も事前に依頼されていたが、しばらく返答を先延ばしにしたうえで、田儀屋は断りを入れたようである。

その他にも、この書状には天保二年に邇摩郡福光本領の松右衛門が井戸家を訪問していることも記されており、石見銀山御料内の人々と井戸家とのつながりが再び芽生えている様子が確認できる。彼らは大恩のある井戸家との関係形成を模索していたのに対し、井戸家は往時の井戸平左衛門の顕彰が地域で進められている状況をもって、地域から家格を上昇させる機運を醸成させようとしたのである。

（二）井戸家からの献金要請

前項で述べたように、江戸後期には石見銀山御料内の人々が出府の際に井戸家へ訪れるなどの交流が生まれていた。その過程で石見銀山御料内から井戸家への献金がなされるようになる。天保十四年には安濃郡波根東浦から金八両、安濃郡大浦湊から銀四〇〇目、弘化元年（一八四四）には大家組から金一〇両といった具合に、地域から井戸家へ井戸平左衛門の「御香料」という名目で金銭が納められた。(59)(60)この献金には、代官岩田鍬三郎信忍のもとでの大森陣屋からも許可を得ていたようである。そうした中で、井戸家から大掛かりな献金要請を受けることになる。

嘉永元年（一八四八）、邑智郡三原村の庄屋泰一郎が江戸滞在中に井戸家を訪問していたところ、用人のひとりから石碑の建立及び毎年の法事について質問を受けた。泰一郎は「近年相続違作ニ而、末々者勿論一統薩摩芋夫食足合いたし、御先代様御恩分相弁、年々芋初尾と唱銘々作り立候内少々ツヽ、持寄村々寺院ニおゐて読経いたし貫、遠国ニ無之候ハヽ、右初尾献上いたし度申居候」と、各村の寺院へ薩摩芋を納めて読経をあげてもらうとした上で、遠国でなければ初尾を献上したいと答えた。これに対し、用人は「心掛ケ次第芋取集売払候而代金差出候ハヽ、江戸表ニおゐて御法事之節御入用之内江も御加へ可相成」と、薩摩芋の売却代金を送金してもらえれば、江戸での法事の入用に加える旨を伝えた。そこで帰国後に郡中の重立衆へ相談したところ、道理にかなったことではあるが金銀が不融通な状況下で薩摩芋の売却代金を毎年納めるのは困難であるとの結論に至った。そのため邇摩郡鬼村の庄屋仙左衛門が出府の折に断りを伝えたところ、井戸家の用人から「多少ニ不拘心掛ケ次第之儀」であるとして、再度重立衆へ掛け合うように依頼された。これを受けて嘉永三年冬から嘉永四年春にかけて協議を重ね、各村へ帳面を配り浄財を募ることに決まった。そこで嘉永四年五月、安濃郡波根東村の長福寺の僧罔範へ序文の上書を依頼し、それを以て安濃郡大田北町の増助が版彫をおこない、「恩謝浄財録」と称する帳面が一四五冊整えられた。

恩謝浄財録

原に　井戸明君当料の
御代官たる事纔に三年、其内前代未門の凶年、尤海中より浮塵子といふ悪虫雲霞のことく登り来りて、諸作悉く喰ひ尽し、野民手を尖して作へき業もなく、困窮身を遍りて飢を凌かたく、
明君是を歎き玉ふ事限りなし、爰に
君　公訴ありて　御年貢皆無たる旨　仰せ出され、野民を撫育し玉ふ事父母の子を愛するが如く、
民また　君を慕ふ事嬰児の乳を得るに等し、
君　救民糧食のために身心を労したまへて、琉球国の芋種を求め、当国村々浦々へ八頭ツ、御配分有り、則砂漠の地に植へ実る事年を嫌ハず、今ニいたるまて半年の食に足れり、国民甘味を食する事は、偏ニ　此君の御議志抑へし信すへし国中咸な恩沢の淵ニ安せん、聖身日の如く国光新なり、
謹言

　　　峕　嘉永四辛亥年五月廿六日

「恩謝浄財録」には、享保の大飢饉において、害虫が作物を食い荒らして飢餓に瀕した地域に対して、井戸平左衛門が公訴を提起して年貢を免除し、さらに琉球国へ芋種を求めて各村へ八頭ずつ配分したこ

とにより、砂地で毎年栽培できるため現在に至るまで有用な食料となっていると記されている。前述の『暉恩伝』よりさらに具体的な説話となっていることが見受けられるが、このような井戸平左衛門の事績をあらためて周知することで、各村からの献金を促そうと考えたのである。

さらに嘉永四年九月十六日には、備中国小田郡笠岡村経由で用人の石井善兵衛が井戸家からの書状を携えて三原村の庄屋泰一郎のもとへ赴いた。その理由は、表向きには当地における法要に感謝を示すことにあるが、実際には献金を急ぎ立てることにあったようだ。泰一郎から邑智郡大貫村の庄屋久左衛門らに宛てた書状[61]には、その内実が細かく書かれている。

一筆致啓上候、追而寒冷ニ向候得共、
各々御揃愈御勇健被成御座珍重奉存候、然者下拙出符之砌ニ　井戸様方へ罷出候処、殊之外御勝手向御難渋ニ付、石州村々之儀ハ
泰雲院様旧恩相弁、兼而世話いたし呉候間、帰国之上当時極難之次第向々相咄、助情出金いたし呉候志シ之もの有之ハ、少しニ而も送金いたし呉候様厚御頼御座候ニ付、兎角村々江御相談可申上与奉存居候処、尚又当月廿日御直御状到来奉拝見候処、素々御難渋之御手元ニ御座候処、御心願之儀有之御物入相嵩必至之御難渋之趣而、兼頼組村々江一刻も早く談合いたし、世話いたし呉候心得之もの有之者、十月末迄江戸着金ニ相成候様世話いたし呉度被仰下候ニ付、直様大森ゟ海辺筋へ罷出、村々江頼状いたし候所、何共高恩請居候ニ付、一同成丈之献金有之候積御座候ニ付、金子集世話方之儀ハ、川合郷戸、大田豆腐屋始、其外表立之旁々江相頼、西方ニ而者温泉津木津屋、浅利長良屋、波積市場ニ御世話有之、当近辺儀ハ南佐木村平田屋方へ取集候筈ニ有之候、其御村方へ者谷的場ゟ御咄被下候様此間相頼遣被下候間、定而御咄ニも可有之候得共、何卒御村方御一同御申談被下、御恩附献金之思召之御衆中御座候ハヽ、多少不限成丈御出情御座候ハヽ、井戸様ニおゐて格別ニ御満

足ニ可被為御思召候、右之段御才覚被下候ハヽ、早々御取立、佐左衛門方へ御渡可被下候、私ニおゐてハ村々江頼状仕候而已ニ而、跡々取立、並江戸表差立之儀ハ表立候衆中評義之上取計貰ひ候積り御座候、右御頼申上度如此ニ御座候、以上

九月晦日　林屋
泰一郎

大貫村
西田屋久左衛門様
酒屋秀十郎様
要用

当時、井戸家は六代目の孫七郎正諧が父金蔵と同様に右筆をつとめていたが、[62]勝手向きは苦しかったようである。この書状によると、井戸家の財政状況が芳しくないことから送金を依頼され、さらに出費が嵩み窮状に陥ったとして十月末日までに可能な限りの送金を再願されている様子がみえる。これに対し、石見銀山御料内では、井戸家への献金が法要への寄付というよりは支援的な要素が強いということを受け入れながらも、井戸平左衛門への感謝の気持ちからできるだけその要請に応えたいとの思いが伝わってくる。

しかしながら、最終的には「恩謝浄財録」による献金活動は頓挫する。代官森八左衛門は、石井善兵衛の身分を精査せずに勧化帳による献金を進めたことと、嘉永四年六月に石見銀山御料内の各地で起きた風水災害により地域が疲弊している中で献金を募ることは「御年貢御取立方ニも害候」ことであると問題視し、「恩謝浄財録」の回収を命じた。そして十一月十七日に「恩謝浄財録」全冊と板木二つは大森陣屋へ提出され、献金活動も中止に追い込まれた。[63]ただし、その後も石見銀山御料内からの献金は止

まったわけではなく、嘉永五年に邇摩郡馬路村から献金がなされるばかりか、嘉永六年には那賀郡渡津村が井戸家より一〇両の献金要請を受けてその捻出に苦心するなど、引き続きおこなわれたようである。(64)

このように井戸家と石見銀山御料内の人々との繋がりが深くなる中で、井戸家の用人は家政をつかさどる立場において、石見銀山御料内からの献金を頼りにしていた。そしてその頻度も、偶発的なものではなく、安定的な献金体制が敷かれることを求めるほか、喫緊に献金を要請するなど、その依存度を強めていった。それに対し、石見銀山御料内では、江戸での井戸平左衛門の法要のための資金ということが名目上の理由であることを理解しながらも、井戸平左衛門による恩義に報いたいという意識から各村で献金に協力しようとしていたのである。

おわりに

本稿では、代官井戸平左衛門の事績と江戸時代における各村での顕彰の一端を概観してきた。

代官井戸平左衛門の民政は、長年の勘定としての経験をもとに、自身が現地を踏査して現況の把握につとめ、幕府の飢饉対策に則りつつ年貢米の免除・減免や夫食米の貸与を実施したものである。その一方で、井戸平左衛門が救荒作物として薩摩芋を取り入れたかどうかは確定しがたいものの、同時期には石見地方で薩摩芋が栽培されていたことは確かである。その後、凶作や飢饉は何度も起こり、たびたび飢えに苦しむ中で、決して肥沃な土質ではない石見地方では、薩摩芋が「夫食第一之品」と捉えられるようになる。このような背景をもとに、井戸平左衛門を、享保の大飢饉における窮民救済の遂行者であり、薩摩芋を地域に導入した実行者であると意識されるようになる。こうして各地で祥月命日の法要や薩摩芋の初尾などがおこなわれる中で、井戸代官の事績が法話等によって脚色をされながら紹介されることで、地域の隅々まで井戸平左衛門像が共有され、供養や頌徳を目的に石碑を建立する動きへと繋がっていく。それは石見銀山御料内にとどまらず、薩摩芋の栽培地ではその伝道師として知れ渡り、各地に供養塔が設置された。このような顕彰の過程において、石見銀山御料内の村々と井戸家との結びつきも生まれるようになり、井戸家の危機に際しては可能な限り支援をおこなうことで、過日の愛顧に報いるべく奔走したのである。

このように見ていくと、井戸平左衛門の顕彰は、為政者である代官に対する願望や意識を反映するような性質のものというよりは、総じて純一無雑に頌徳の想いや供養の願いが込められていたといえよう。だからこそ、死後二百八十年を経過した現在でも、各地で芋法要が営まれているのだろう。

【注】

（1）村上直「江戸幕府代官の民政に関する一考察」（徳川黎明会編『徳川林政史研究所研究紀要』昭和四十五年度、徳川黎明会、一九七一年）。
（2）高橋悟「二十六代石見銀山代官天野助次郎とその碑について（上）」（石見郷土研究懇話会編『郷土石見』第八七号、石見郷土研究懇話会、二〇一一年）、同「二十六代石見銀山代官天野助次郎とその碑について（下）」（石見郷土研究懇話会編『郷土石見』第八八号、石見郷土研究懇話会、二〇一一年）。
（3）川本町誌編纂委員会『川本町誌』歴史編（川本町、一九七七年）。
（4）山口菊件『井戸正朋』島根縣史談第一編（資山堂、一九〇二年）。
（5）安井好尚『井戸正朋正伝』（安井好尚、一九一一年）。
（6）恒松隆慶『井戸明府』（恒松隆慶、一九一一年）。
（7）渡辺秋人「井戸平左衛門正朋」（『歴史評論』第五七号、校倉書房、一九五四年）、同「井戸平左衛門正明（続）」（『歴史評論』第五八号、校倉書房、一九五四年）。
（8）宮本常一「井戸平左衛門」（『甘藷の歴史』日本民衆史七、未来社、一九六二年）。
（9）村上直「井戸平左衛門正朋」（『代官―幕府を支えた人々』、人物往来社、一九六三年）、同「石見国における幕府直轄領と奉行・代官制」（地方史研究協議会編『山陰―地域の歴史的性格』、雄山閣、一九七六年）など。
(10) 石村勝郎『いも神さま 井戸平左衛門 石見銀山代官』（石見銀山資料館、一九九四年）。
(11) 江面龍雄「井戸平左衛門」（島根郷土研究会編『郷土』NO．四、今井書店、一九五八年）。
(12) 井戸家の出自は、『新訂寛政重修諸家譜』第二一（続群書類従完成会、一九八五年）を中心に据えて記す。
(13) 「先祖書」は、明治十四年（一八八一）六月に井戸家九代目の井戸正義により認められ、安井好尚を通じて井戸神社へ奉納されたもの。同書には、井戸正房について、天和三年（一六八三）十二月に御本丸の勘定役となる、とある。井戸神社文書。
(14) 「先祖書」には、「重吉」とある。井戸神社文書。
(15) 三次町大年寄を勤める吉舎屋作右衛門と堺屋新九郎により記録された日記。三次市史編集委員会『三次市史』Ⅱ（三次市、二〇〇四年）。
(16) 林家文書。
(17) 「石州隠州諸事書上帳」には「三月」とあるが、『新訂寛政重修諸家譜』、「先祖書」等には「五月二十六日」とあり、検討を要する。
(18) 「先祖書」によると、幕府から養子が正式に認められるのは享保十七年十一月二日のこと。井戸神社文書。
(19) 法隆寺文書（川本町誌編纂委員会編『川本町史』歴史編、川本町教育委員会、一九七七年）、「手前入用覚帳」笹屋文書（温泉津町誌編さん委員会『温泉津町誌』別巻、温泉津町、一九九六年）などに散見される。
(20) 十月二日付（年未詳）で、前大森代官の海上弥兵衛から中島見龍へ井戸平左衛門の診察に対する礼状が出されている。石見銀山資料館所蔵文書。
(21) 「石見国安濃郡鳥井村子年御成箇割付之事」岩谷家文書。
(22) 「石見国邇摩郡磯竹村子年御成箇割付之事」藤間家文書。
(23) 江津市誌編纂委員会編『江津市誌』上巻（江津市、一九八二年）。
(24) 温泉津町誌編さん委員会編『温泉津町誌』中巻（温泉津町、一九九五年）。
(25) 「石見国邑智郡大貫村子年御成箇割付之事」中村久左衛門家文書。
(26) 「石州銀山御支配歳代記」上野家文書（島根県教育委員会・大田市教育委員会編『石見銀山遺跡石造物調査報告

書』三、島根県教育委員会、二〇〇三年)。
(27) 笠岡市史編さん室編『笠岡市史』第二巻(笠岡市、一九八九年)。
(28) 享保十二年(一七二七)には、備中・備後国の年貢米のうち約一割にあたる一三〇〇石強が割賦されている。安国良一「買請米の割賦と廻送(二)—別子銅山買請米制の研究—」(住友史料館編『住友史料館報』第二八号、住友史料館、一九九七年)。
(29)『有徳院殿御実記』享保十七年十二月条(新訂増補歴史体系『徳川実紀』第八編、吉川弘文館、一九九一年)、藤間家文書、吉備津神社文書。
(30)「享保十七年子十一月 邑智郡大貫村丑春夫食願帳」中村久左衛門家文書。大貫村では四八九人が夫食の貸与を願い出ている。
(31) 笠岡市史編さん室編『笠岡市史』第二巻(笠岡市、一九八九年)三二〇頁〜三二一頁。
(32)「寅二月 覚(御料所村々夫食貸ニ付村触)」中村久左衛門家文書。
(33) 井戸平左衛門が温泉津町の温泉で一月十四日から二十九日まで入湯療養したとの記録も残されている。伊藤家文書。
(34) 津茂五ヶ所とは、美濃郡津茂村、鹿足郡日原村、中木屋村、石ヶ谷村、十王堂村、畑ヶ迫村の総称。
(35) 伊達金三郎は、享保十二年(一七二七)には大森代官の窪島作右衛門の上下陣屋詰の手代として名前が見え、年貢の収納業務にあたっている。また次の代官海上弥兵衛の支配下においても上下陣屋詰の手代を勤め、井戸平左衛門が検見添役で訪れた享保十四年にも、十月四日頃から十九日頃にかけて石見国へ赴いている。
(36) 高柳眞三・石井良助編『御触書寛保集成』(岩波書店、一九五八年)。
(37)『有徳院殿御実紀』享保十八年四月条(新訂増補歴史体系『徳川実紀』第八編、吉川弘文館、一九九一年)。
(38)「錦織玄秀診察録」(島根県編『島根縣史』第八巻、名著出版、一九七二年)。
(39)『新訂寛政重修諸家譜』には「五月二十七日」とあるが、「石州隠州諸事書上帳」、「錦織玄秀診察録」等の記録をもととする。
(40)「温泉津村諸入用覚帳」多田家文書(温泉津町誌編さん委員会編『温泉津町誌』中巻、温泉津町、一九九五年)。
(41) 野田成亮「日本九峰修行日記」(宮本常一・原口虎雄・谷川健一編『日本庶民生活史料集成』第二巻、三一書房、一九六九年）。

(42) 文化四年（一八〇七）に那賀郡太田村に建立された石碑にも同様の内容が刻まれており、十九世紀初めには井戸平左衛門の事績がこのように理解されていたといえる。「皇国地誌　太田村村誌」（江津市誌編纂委員会『江津市誌』別巻、江津市、一九八二年）。

(43) 加藤家文書（大田市中央図書館蔵、謄写本）。

(44) 現在、波根八幡宮境内に残されている「泰雲院殿義岳良忠大居士」（正面）と刻銘された石碑か。

(45) 「井戸孫七郎殿御家来之由石井善兵衛御支配所内立廻り候始末糺方一件」熊谷家文書（二－四五）。

(46) 満行寺文書（島根県立図書館蔵、謄写本）。天保八年（一八三七）に筆写とあるが、検討を要する。

(47) 「寛政十一年未三月　町内取締書」熊谷家文書（九－一三一）。

(48) 「文政五年午九月　琉球芋植付反別取調書上帳　石見国安濃郡志学村」熊谷家文書（九－一五一）。

(49) 「文政五年午十二月二十六日　志学村相続方請書」熊谷家文書（五－七三）。

(50) 第1表は、宮本豊『巡拝井戸公塔社碑一覧表』（宮本豊、一九八〇年）、境港市編『境港市史』上巻（境港市、一九八六年）、加藤家文書、島根県立図書館所蔵文書、中村久左衛門家文書などをもとに作成する。

(51) 波積本郷をはじめ三二か村で構成される組合村。石見銀山御料の地方支配では、佐摩組、久利組、大田組、九日市組、波積組、大家組の六つの組を単位として村々が掌握された。

(52) 「井戸孫七郎殿御家来之由石井善兵衛御支配所内立廻り候始末糺方一件」熊谷家文書（二－四五）。

(53) 「文化十一年戌十一月　井戸平左衛門様石塔奉加帳」島根県立図書館所蔵文書。

(54) 「(弘化三年）丙午四月吉日　泰雲井戸君碑奉加帳」、「嘉永元年申十二月　井戸様奉賀銀取立帳」、「嘉永二酉年七月二十二日　泰雲院殿寄進録」、「嘉永二年酉七月　相渡申一札之事（井戸様御石塔之儀につき）」、「年未詳井戸様石塔施主書上」いずれも中村久左衛門家文書。現在も興盛寺境内に「泰雲院殿義岳良忠居士」（正面）、「享保十八癸丑年五月二十六日」（右側）、「井戸平左衛門尉正明」（左側）と刻銘された石碑が残されている。

(55) 「安政二年卯七月吉日　泰雲院殿石碑取立勘定帳」渡利家文書。現在も水上神社境内に「井明府之碑」（正面）、「安政二年龍舎乙卯七月建之」（左側）と刻銘された石碑が残されている。

(56) 井戸神社所蔵資料。

(57)「年未詳四月二十七日　山下太右衛門書状」熊谷家文書（二二−四二−一二）。
(58)「年未詳正月七日　山下太右衛門書状」熊谷家文書（二二−四二−一五）、「年未詳二月二十七日　山下太右衛門書状」熊谷家文書（二二−四二−一四）。
(59)邇摩郡大家本郷をはじめ三〇か村で構成される組合村。
(60)「井戸孫七郎殿御家来之由石井善兵衛御支配所内立廻り候始末紦方一件」熊谷家文書（二一−四五）。
(61)「年未詳九月晦日　林屋泰一郎書状」中村久左衛門家文書。
(62)「先祖書」井戸神社文書。
(63)「井戸孫七郎殿御家来之由石井善兵衛御支配所内立廻り候始末紦方一件」熊谷家文書（二一−四五）。
(64)江津市誌編纂委員会『江津市誌』上巻（江津市、一九八二年）一二九七頁〜一二九九頁。

〔付記〕本稿の作成にあたり、林興平氏、中村久左衛門氏、大田市文化協会、及び史料所蔵諸機関には、史料の閲覧に際し格別のご高配をいただきました。また石賀了氏、原田洋一郎氏、仲野義文氏、錦織稔之氏、中安恵一氏、藤原茂氏には、貴重なご教示をいただきました。末筆ながら、ここに記して感謝の意を表します。

十八世紀の石見銀山料港町における銑・鉄取引
―宅野浦の廻船商人増屋の活動を手がかりに―

原田洋一郎

はじめに

本稿の目的は、銑・鉄の移出港における廻船商人の活動に注目して、十八世紀の石見銀山料における銑・鉄取引のあり方について検討することである。

銀山料が含まれる石見国において、さかんに製鉄がおこなわれたことはつとに知られてきた。[1]中国山地の産鉄地域のなかでは、どちらかといえば等閑視されがちだったこの地域の製鉄業であるが、近年では、その鉄生産の技術や施設における特質や地域性について詳細な検討が重ねられ、その規模、技術とともに出雲など他地域と遜色なかったことが指摘されている。[2]経営面については、銀山料の鉄山師は、領主からの特別な保護を受けてはいなかったこと、山林などの土地の著しい集積はおこなわれず相対的に小規模であったことなど、隣接する松江藩領の鉄山師とはさまざまな点で異なっていたことが早くから指摘されていた。[3]それにも関わらず、銀山料において活発な鉄生産が可能であった理由のひとつとして、少なくとも十八世紀初頭頃には、役銀を納めて料内の御林（領主林）を一定期間請け負うことが制度化されたことによって、鉄山経営の重要な要件である燃料用の木炭の原木を確保することができたことなどが明らかにされるとともに、その役銀の半額に相当する銀製練用の木炭が現物納されたことなどによって、鉄山師の活動が石見銀山の存続に寄与していたことも指摘されている。[4] 銀山料における製鉄業の特質は、銀山稼行との関連のもとに形成された側面があったといえよう。

銀山料の銑・鉄は、十九世紀半ば頃には、日本海沿岸における海運の隆盛にも支えられて、料内のもっとも重要な商品として、銀山料内外の廻船に積まれてさかんに送り出されたことが知られている。その販路は大坂ばかりでなく、九州や北陸などへも拡大していたことが明らかにされるなど、製鉄業の発展と廻船との関係が注目されつつある。[5]

その一方で、銑・鉄が生産地からどのように搬出され、他地域へ移出されるものがいかにして日本海岸の港に集荷されたか、といったことの具体相は、未だ不分明なままである。また、銀山料における十九世紀といえば、十七世紀後半頃より衰退の途に就いて久しい石見銀山が、いよいよ衰退の極みに達したといえる時期でもあった。前述のように、銀山との関連のもとに展開した銀山料の製鉄業であったが、十八世紀を通じて実施されたさまざまな銀山復興策との関連のあり方を問う、という視点も必要であろう。

本稿では、そうした点について考えるための基礎となり得る事例を提示したいと考えている。そのために、銑・鉄の移出港のひとつであった宅野浦（大田市仁摩町宅野）において、十八世紀をほぼ通じて廻船商売を営んだ増屋（泉家）の活動に注目して、まず銑・鉄がどこから集荷されていたか、そしてその経時的変化ついて概観する。その上で、取引の態様の変化とその要因について検討をおこなうことにする。

一　廻船商人増屋と宅野浦

増屋は、石見銀山の北方の日本海沿岸に位置する港町、宅野浦の旧家、泉家の十代目当主六郎兵衛の弟であった庄右衛門が、正徳四年（一七一四）に同村内に分家して成立した家である。弟の甚七も同じ年に村内に分家し、叶屋の祖となっている。これらの三家は、享保十四年（一七二九）頃までともに事業をおこなっていたとみられるが、貴船丸、宅泉丸を擁した廻船商売もそれらのうちのひとつであった。(6)分家後、貴船丸は増屋単独の事業となったようであり、増屋はこの船をおもに大坂方面へと廻し、米、鉄、扱苧、櫨実など石見や出雲産の商品、さらに北陸や東北地方産の米、瀬戸内産の塩などを運んでいた。増屋の史料の中には、それら商品を売買した際の仕切状などが多く含まれているが、注目すべきは、享保期から明治期までの経営帳簿類が多数伝存されていることである。本稿においては、それらの史料に拠るところが大きい。以下、引用した史料は、とくに断りがない限り、すべて増屋泉家文書からのものである。

さて、宅野は、「倭名類聚抄」に記載された「託農郷」に由来するとされる。中世にこの地を領した宅野氏に関わると伝えられる「坪の内」「城の内」といった地字名や宅野氏一族の墓といわれる墓石などはいずれも集落東部の田園地域にあり、日本海に面した「浦」の部分、及びそこから山陰道へ至る道筋を中心に広がる現在の宅野中心市街に、中世の領主との関係を想起させるものを見つけることはできない。慶長十年、十一年の宅野村検地帳には「町分」と注記された屋敷が九〇カ所余記載されているが、それらが現在の中心市街にあたると思われる。(7)

配下の吉岡右近に宛てた、慶長十二年（一六〇七）のものとされる大久保長安の書状に、「宅野殊外繁昌候由、是又本望候、弥能様見計、丹後談合候而可申付事」とあり、銀山奉行であった長安が、宅野に大きな関心を寄せていたことがうかがわれる。(8)長安が宅野を重視した理由として、ここが銀山で用いられる鉄道具を生産した鍛冶屋の町であったという伝承が語られている。(9)それを直接裏付けることのできる史料は現在のところ確認されていないが、増屋に遺された帳面類には、宅野の居住者で「かじや」の肩書きのある者の名が、二、三名ずつではあるが、連年記されている。そのなかに、宝暦六年（一七五六）、大田（大田市大田町大田）のかじや甚右衛門という者が増屋から借り受けた銀四三一匁一分六厘について、「当村（宅野）ニ居候時、小割鉄仕かしや仕入銀取かへ」、と述べた記録がある。(10)この記録から、十八世紀のはじめ頃までは、宅野に少なくとも一軒は割鉄を製する鍛冶屋、すなわち大鍛冶屋があったことがうかがわれる。

ところで、泉家と並ぶ宅野の有力者のひとりであり、多くの分家をもつ藤間家は、出雲国杵築町（出雲市大社町杵築）の藤間家から分家して、慶長期に宅野へ来住したと伝えられている。杵築藤間家は、杵築六カ村の大庄屋を務めた旧家であり、十六世紀後半以降、奥出雲地域で生産された鉄の集散地、宇龍浦（出雲市大社町宇龍）を根拠地として、近世を通じて、鉄の売買や廻船業をおこなったことが知られている。[11]

宅野藤間屋の初代当主太郎右衛門には、系図によれば四人の娘があった。長女は、久利村前原家の長男を聟に迎えて家督を継いだ。[12] 聟となった二代目太郎右衛門は、藤間家、前原家の両家を相続した、とある。久利村前原家の分家の中には静間村（大田市静間町）で鈩を経営した家があり、この家もまた鉄の生産と流通に関わっていたのではないかと思われる。次女にも久利村（大田市久利町久利）から聟を取り、村内に分家して「中屋」の祖となった。三女は尾波村（大田市大屋町大国）の重本喜三右衛門へ嫁ぎ、四女は大田北村清水庄兵衛へ嫁いだ。久利は大田と銀山、大森を結ぶ街道上の要地に位置していた。尾波には、後にも触れるように鈩が営まれており、この地の名を屋号とする商家が宅野同様、日本海岸の港町であった大浦（大田市五十猛町大浦）において鉄を扱う問屋を営んだ。こうしてみると、鉄商人としての藤間家が、宅野浦へ進出したことは、鉄の生産地と銀山とを結ぶ拠点としてのこの地の価値を意識した上でのことであったように思われる。

二　十八世紀における増屋の銑・鉄買い入れ先

ここでは、増屋の「萬貸帳」の記載を通じて、増屋の銑・鉄買い入れ先の分布を把握することにする。

第1図には、一七三〇年代から一七八〇年代まで、ほぼ十年ごとの帳面の「商内(あきない)」の項目に記された銑・鉄の取引先とその居住地を示した。年度によっては、過年度の取引の記録が引き写されているものもあるが、増屋の銑・鉄買い入れ先の変化の概要を把握することを重視したので、帳面の作成年から十年以内のもの、すなわち前の時代の図に示されていない取引先については、すべて図示した。帳面に記載された荷物の駄数が円積で示されているが、このような訳であくまでも変化の傾向を示すものであり、前後の時代との間で厳密に量的な比較をおこなうには適さないことを付言しておく。

享保十六年（一七三一）には、「萬貸帳」にまだ「商内」の項目は設けられていないが、「一日貸」「銀請取」などの諸項目のなかに、川本渡利屋（邑智郡川本町川本）、古浦鈩（大田市五十猛町）の名が散見される（第1図①）。川本は、石見国の有力国人、小笠原氏の拠った温湯城の足下に位置し、江川水運の要地でもあった。渡利屋は、十七世紀後半に至るまでに、この地に鈩・鍛冶屋を開設しており、そのほかにも井戸谷村、長藤村、潮村（いずれも邑智郡美郷町）など邑智郡の山間部において鈩・鍛冶屋を営み、元禄期（一六八八～一七〇四）頃には、石見国内でも有数の製鉄業者であった。[13] 古浦鈩は銀山料内の年貢米の津出し港のひとつであった大浦に隣接しており、この頃には石田屋によって経営されていた。[14] 十八世紀半ばには経営者の交替があった形跡があるが、長期にわたってこの鈩は存続し、増屋の史料にも、もっとも多くその名が記録されている。

さらに、鬼村鈩銑の代銀として、本家の宅野泉屋へ銀五〇〇目を渡したという記録がある。鬼村（大田市大屋町鬼村）は、宅野浦や磯竹村大浦などの港町と久利村、大国村（大田市仁摩町大国）、そして大森や銀山といった内陸部の要地を結ぶ道筋の途上にあたる高地に立地している。集落西部の小河谷に「金屎(かなくそ)」「金尿平」「金床」などといった字地名が付されており、その付近の緩斜面上には鉱滓が散乱している。ここに鬼村鈩が営まれていたものと考えられる。鬼村に隣接する大屋村（大田市大屋町大屋）や尾波村にも製鉄に関する字地名や製鉄遺跡が確認されている。[15] 原料の砂鉄がどこから得られていたかな

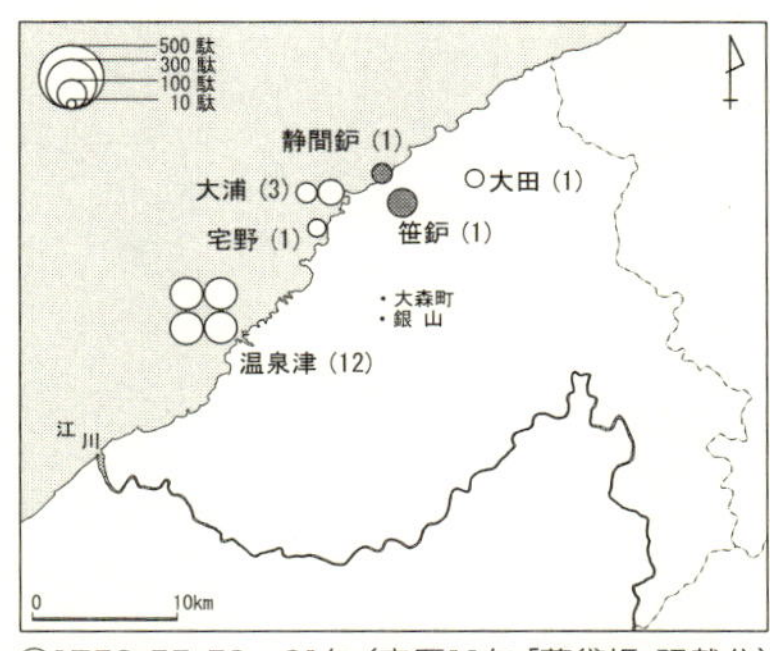

④1752･55･59～61年（宝暦11年「萬貸帳」記載分）

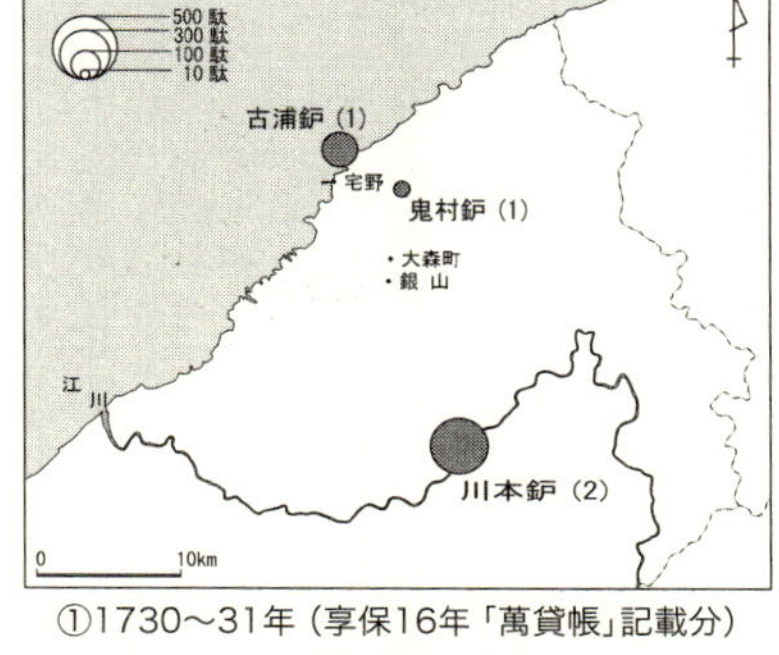

①1730～31年（享保16年「萬貸帳」記載分）

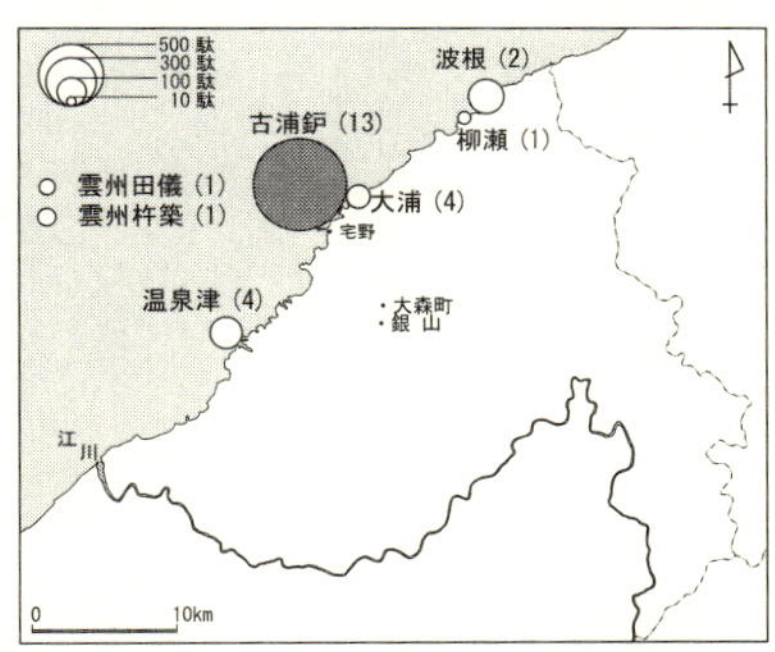

⑤1763･66･70～71年（明和8年「萬貸帳」記載分）

②1740～41年（元文6年「萬貸帳」記載分）

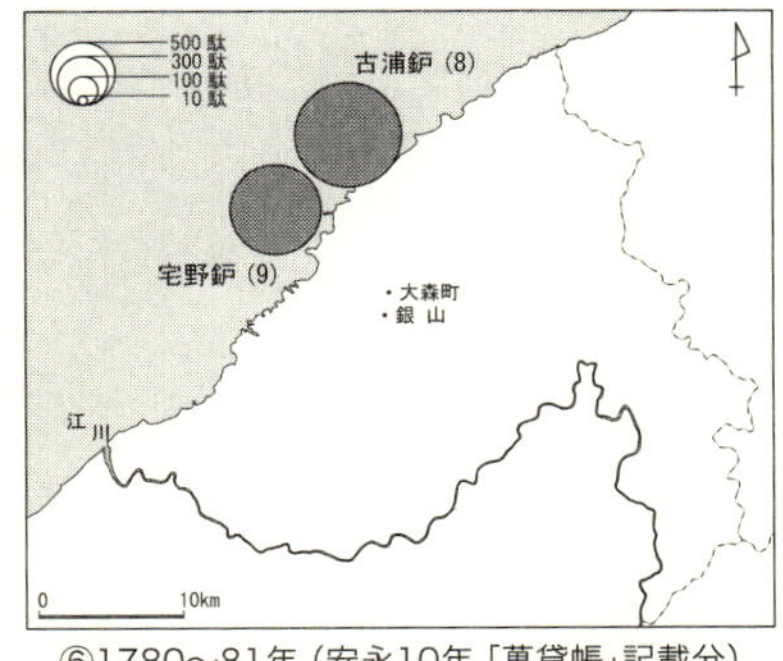

⑥1780～81年（安永10年「萬貸帳」記載分）

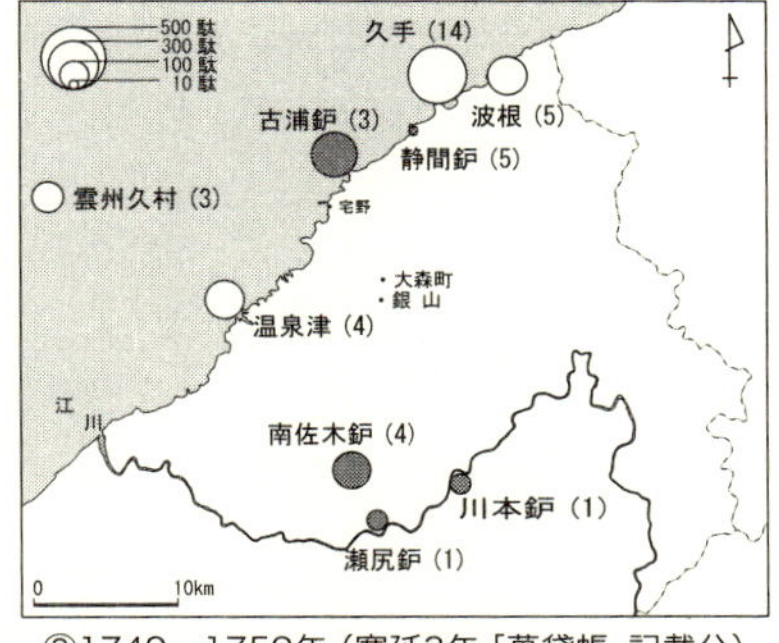

③1749～1750年（寛延3年「萬貸帳」記載分）

○商家　●製鉄業者

第１図　宅野浦増屋の銑・鉄買い入れ先（1730～1781年）
（大田市仁摩町宅野泉家文書「萬貸帳」各年分により作成）

注１：それぞれの「萬貸帳」に記載されているものは，当該年度以前のものも図示した。
　　　ただし，10年以前のものは除く。
注２：製鉄業者，商家の所在地の後ろの数字は，当該年度の帳面に記載された取引の度数を示す。

ど、不明な点は多いが、稼働した時期が江戸前期に遡るようであれば、これらの製鉄施設は、盛期における石見銀山で使用された鉄道具の原料の重要な供給源であった可能性もある。川本鈩、古浦鈩、鬼村鈩の名は、「商内」の項が設けられるようになった享保十八年の「萬貸帳」にも記されている。この頃の増屋の取引先は、いずれも製鉄業者であった。[16]

元文六年（一七四一）「萬貸帳」には、前出の渡利屋のほか、日祖鈩（大田市温泉津町）、大田鈩行恒市右衛門といった鈩の名が記載されている。現在も日祖の浜には、多数の鉄滓が打ち寄せられているのが確認できる。幕末頃に、日祖と湯湊との境界付近において宅野藤間屋が経営した「鉄ヶ谷鈩」が存在したことが知られているが、[17]日祖集落の南方の山あいに、「金糞」という字名があり、日祖鈩はこれを指すと思われる。この頃の経営主体は不明であるが、この鈩は、すでに十八世紀中頃には営まれていたことがわかる。大田鈩については、大貫村（江津市桜江町大貫）の鈩師、西田屋に伝わる正徳四年（一七一四）の記録に[18]「那賀郡大田鈩」（江津市松川町太田）が記載されているのが、これに相当すると思われる。

この年には、これら製鉄業者との取引ばかりでなく、梅田屋、越前屋、越後屋、白坏屋といった温泉津（大田市温泉津町温泉津）の者をはじめ、和江浦の石川安右衛門、久村（出雲市多伎町久村）の柳屋新右衛門など、日本海沿岸の港町の居住者からの銑・鉄の買い入れが多く記録されている（第1図②）。温泉津の商人との取引の頻度はとくに高かったことがわかる。越前屋と白坏屋、梅田屋と越後屋といったように、複数の商家の組み合わせで記載された例がしばしばみられた。梅田屋・日祖鈩の両家から銑一〇〇駄買い入れ、という記録もあり、この際にはおそらく日祖鈩で製された銑が買い入れられたと思われる。その他には、温泉津の商家が扱った銑がどこで製されたものか、明確には分かる例はないが、江津で銑を受け取ったと記載された取引が数例確認される。

寛延三年（一七五〇）には、より多様な取引先が記載されている。まず、銑の買入先として、静間鈩平右衛門、三原鈩（邑智郡川本町南佐木）佐左衛門、瀬尻（邑智郡川本町川下）など、これまでと異なる鈩、あるいはその所在地の名がみられる。商家と思われる者についても、久手（大田市久手町波根西）土肥屋源三郎、波根（大田市波根町）喜右衛門といった新たな名が記載されている（第1図③）。土肥屋からは専ら割鉄が買い入れられていた。その生産地のひとつとして頓原（飯石郡飯南町）が記載されている。また、大田から久手までの駄賃（一九匁五厘）が記載されている例もあり、大田（大田市大田町大田）が鉄荷の集散地のひとつであったことがうかがわれる。

宝暦十一年（一七六一）「萬貸帳」には、買い入れのほかに、貴船丸が寄港地において銑を預けた取引先として、宝暦九年四月の赤間ヶ関（山口県下関市）原屋為兵衛（銑五駄）、及び同年七月の大坂高松屋宗右衛門（銑三二〇束）、宝暦十一年四月の大坂高松屋（銑四〇〇束）、同年同月の大坂讃岐屋長右衛門（銑二三二束）が記されている。

製鉄業者としては、宝暦五年十一月に買い入れた銑一〇〇駄のうち三七駄が不足、と記された笹鈩平兵衛のほかには、銑五〇駄の買い入れ先として静間鈩茂七が記載されたのみである。その他は、いずれも商家との取引であったが、とくに越前屋・米子屋・佐渡屋など、温泉津の商家からの買い入れが多かった（第1図④）。

明和八年（一七七一）には、古浦鈩の存在感が大きくなったことが一見してわかる（第1図⑤）。宝暦五年以来、帳面に載せられてきた笹鈩の未納分は、古浦鈩吉右衛門によって、明和五年より四カ年賦で納められることとなり、この年に完納された[19]。この年の帳面に初めてみられた名としては、柳瀬（大田市久手町）湊屋五兵衛、出雲国田儀（出雲市多伎町口田儀）新屋与三右衛門、出雲国杵築藤間屋新蔵があげられる。

ここまで、年を追うごとに海辺部の商家との取引が、頻度・取引量ともに増加する傾向にあったが、安永十年（一七八一）には、その状況が一変する。港町の商家の名がまったく姿を消してしまったのである。この年における増屋の銑・鉄の調達先は、古浦鈩吉右衛門、宅野村鈩のみとなった（第1図⑥）。

この変化の要因のひとつとして、前年の安永九年における大坂鉄座の設置の影響を想定しないわけにはいかないであろう。安永九年十一月以降、諸国で生産された銑・鉄は、すべて大坂の鉄問屋へ積み送り、大坂問屋より鉄座へ売り渡されることとなり、山元から大坂までの道筋、津々浦々におけるものも含め、大坂問屋以外への直売は禁じられることとなった[20]。また、銑・鉄の買入価格は鉄座において決定することとなり、結果として低水準に抑えられることとなったとされている。

鉄座は、中国山地の製鉄地域に大きな影響を与えたが、天明七年（一七八七）には廃止された。ちょうどこの頃、増屋の経営にも大きな変化があった。天明三年八月、北陸へ廻した持ち船の貴船丸を海難事故で失ったのを機に、翌月に廻船業の廃業を代官所へ出願することとなったのである。寛政三年（一七九一）「萬貨帳」の、「商内」の項には、依然として銑に関する記載がある。ただ、そこに記されている銑の多くは天明四年～同六年にかけて買い入れられたものであり、この年、新たに買い入れられたのは、大森嘉庭屋嘉惣右衛門からの銑一〇〇駄のみであった。他の取引は、いずれも在庫の販売であったことになる。さらに十年後の寛政十三年（享和元年／一八〇一）になると、「萬貨帳」の「商内」の項には、もはや銑・鉄に関する記述は皆無となった。

三　十八世紀前期における鈩との相対取引

享保六年（一七二一）八月、江川中流部の山中に位置した酒谷鈩（邑智郡美郷町）から大坂北浜一丁目（大阪市中央区北浜）吉右衛門のもとへ銑一〇〇駄が送られることとなった。このとき、その銑を搬送したのは、宅野浦の泉六郎兵衛の廻船であった。【史料一】は、その際の送り状の下書きとみられる史料である。

【史料一】

積登セ申銑之事
合銑百だ定　但、三拾貫め入
此敷銀三貫目　但、新銀
此利一ヶ月二歩
此運賃新銀四百弐拾五匁
〆
右ハ石州於宅野浦前書之敷銀慥ニ請取、泉六郎兵衛舩沖船頭市左衛門へ右銑積渡シ申候間、上着次第ニ敷銀元利并ニ運賃銀渡シ銑御請取可被成候、万一海上不定之儀も御座候ハヽ、銑ハ此方損、此度請取敷銀ハ舩主損分ニ約束儀定仕候、為後日送り状仍而如件
享保六年丑八月
酒谷鈩　伝兵衛
大坂北浜何(ママ)屋吉右衛門殿
（享保六年八月「積登セ申銑之事」）

前述のように、増屋の初代庄右衛門は、弟の甚七とともに、正徳四年（一七一四）に六郎兵衛のもとから独立していたが、享保期半ば頃までこの三家は共に事業を行っていたと思われる。ここにその名がみられる沖船頭市左衛門は、享保十年の宗旨改書には、庄右衛門の廻船、貴船丸の船頭として記載されている。(21)

送り状によれば、「敷銀」として銀三貫目を、酒谷鈩伝兵衛が宅野にて六郎兵衛より受け取り、銑一〇〇駄が温泉津で六郎兵衛の廻船へ積み込まれた。六郎兵衛の廻船は、それを大坂北浜の吉右衛門へ届

け、引替に敷銀元本の銀三貫目と月あたり二歩の割合の敷銀利息、運賃として四二五匁を受け取ることとなっていた。「敷銀」としては、銑の代銀に相当すると考えられる額が支払われている。鈩師伝兵衛にしてみれば、大坂問屋から支払われるべき銑代銀をひと足早く受け取ることができたに等しかった。

享保十三年九月、六郎兵衛は大貫村西田屋金九郎の長割鉄三〇束の大坂への廻送を請け負っているが、その際にも敷銀として銀六〇〇匁が渡されている[22]。この時には、扱苧三〇丸も引き受けられているが、これについても、その敷銀として二〇匁が渡されている。運賃は、長割分が大坂まで三〇貫目につき銀三匁八分、扱苧の分が一丸につき三匁一分とされ、瀬戸崎（長門市仙崎）、下関までの内で売却した場合には、大坂までの運賃の三分の二、という取り決めであった。この事例では、銑や扱苧の引受先は明記されていない。途中で売却する際の運賃についても取り決められているところをみると、荷物の販売先については、船頭に任されていた可能性もある。

第１表　増屋から古浦鈩への仕入れ銀（享保16年）

月　日	額
4月14日	100匁
4月16日	87匁8分8厘
4月18日	100匁
4月19日	194匁8分
4月22日	100匁
4月27日	115匁9分1厘
5月　3日	287匁8分8厘※
5月16日	143匁9分4厘

（泉家文書　「享保十六歳　萬貸帳」より作成）

※この日の分のみ叶屋分59匁1分8厘、西分228匁7分

前節でみた享保十年代後半の「萬貸帳」における渡利屋や古浦鈩からの銑・鉄の買入に際しては、しばしば「仕入銀」が渡されていた。第1表は、享保十六年の「萬貸帳」から、鈩への「仕入銀」に関する記述を抽出したものである。四月十四日から五月十六日まで、七回にわたって仕入銀が渡されている。初回の四月十四日分のみ「古浦鈩へ仕入銀」とあり、他はすべて「鈩仕入銀」としか記されていないが、いずれも古浦鈩へ渡されたものと思われる。五月三日分については、鈩仕入銀二八七匁八分八厘のうち、五九匁一分八厘が「叶屋分」、二二八匁七分が「西分」と内訳が記されている。「西」は、本家六郎兵衛、「叶屋」は、庄右衛門と同日に分家した甚七を指す。詳細について、これ以上のこと

を知り得る史料はないが、ここからも三家が合同で事業に携わっていたことがうかがわれる。

享保十六年、同十七年の「萬貸帳」には、「渡り屋銑代貸」と題した項目がある。両年分とも、「戌（享保十五年）ノ十二月　一、銀九百五拾匁　銑五拾た代　拾九匁かへ」という記述から始まっている。[23] 同年同月、さらに銑三五三駄代として銀六貫七七七匁六分が渡されたことも記されている。こちらには「十九匁弐分かへ」と添えられており、異なる鈩施設で生産される銑であったことをうかがわせる。こうして、計七貫七二七匁六分が渡されたが、続いて次のような記述がある。

【史料二】

（享保十六歳「萬貸帳」）

内
　　六月九日
　壱貫七拾四匁九分五厘
亥四月より六月八日迄仕入銀ニ而吹かセ候銑、直（値）違ニ而取
　六百弐拾九匁九分弐厘
亥六月八日より十月迄仕入銀ニ而吹かセ候銑直違ニ而取

他に関連する史料がなく取引に関する詳細は不明であるが、仕入銀を供給して、ここに記された期間に生産された銑の額が見込み違いであったために、その分が払い戻されたようである。十七年の帳面には、亥（享保十六年）十一月より十二月までの値違い分として銀二七一匁二分五厘も加わっており、これらを合わせて銀一貫九七六匁一分二厘を亥年中に受け取った旨が記されている。さらに、子（享保十

七年）二月より閏五月までの分として銀四三三匁五分七厘、閏五月より八月までの分として銀三五一匁四分七厘、九月より十月までの分として一四三匁一分九厘、十月より十二月分として二四三匁四分三厘を値違いのために受け取ったとあり、銀三貫一四七匁七分八厘が亥年と子年の小計として記載されている。銑については、子六月に五〇駄を受け取った旨の記録があるのみだが、翌十八年の帳面には、この項目は置かれていないことからみて、享保十七年中に、この取引は完了したものと思われる。

敷銀を負担して積荷を引き請けることにせよ、鈩へ仕入れをおこなって鉄を集荷することにせよ、相応の経済力が必要であった。その点、増屋の本家である泉六郎兵衛は、享保期に松江藩の御城米の引請や母里藩への融資を行った者のひとりとして名を連ねていた[24]。増屋も元文期以降しばしば銀山方役所の御貸付銀や献金に対応するなど、領主にもその経済力を認められた者であった[25]。

江戸前期までの鈩師には、中世の土豪にその起源を有する者が多かったことが指摘されてきた[26]。それらは、しばしば生産から流通までの過程を一貫して行い、廻船を所有して、自ら他領へ出荷することもあったという。石見銀山料においては、川本渡利屋や大貫村西田屋などがまさにそうした存在であった。そのような者であっても、ここでみたように、生産に関わる経費を「敷銀」や「仕入銀」といった形で円滑に手許に確保することが求められていたということがわかる。まして、これらほどの経営規模、資力を持たなかった鈩師の場合には、敷銀の形で少しでも早く生産費を回収したり、仕入を受けたりすることはより重要であったであろう。増屋のような廻船商人の存在は、結果として、銀山料内における商品生産者を養い育むという側面があったと思われる。

四　十八世紀半ばにおける諸港の商家との銑・鉄取引

元文期頃、増屋の銑・鉄取引のうちに、諸港の商家との取引によるものが多くみられるようになったことは、すでに第二節においてみた通りである。増屋の史料から確認できるもっとも早い例としては、享保二十年(一七三五)の「萬貸帳」に、一月二十九日、銑一〇〇駄が口銭とも銀二貫四二四匁にて温泉津の商家から買い入れられたというものがある。前述のように、温泉津の商家は、複数で取引にあたることが多くみられたが、このときの取引相手も木津屋・越前屋・大黒屋の三者であった。そして、買い入れられた銑は六〇駄が木津屋へ、二〇駄が越前屋へ、残る二〇駄が大黒屋へそれぞれ預けられている。閏三月二十三日、大黒屋へ預けられていた二〇駄、七月に木津屋へ預けられていたうちの一〇駄は、それぞれ増屋の船にて積み出されたことが記録されている。

同年二月十四日と四月十九日(二月末より寛保元年)、温泉津の越後屋との取引が記録されているが、前者においては、銀二貫五〇〇匁の敷銀を渡して銑五〇駄の輸送を請け負う形になっていたのに対して、後者では同じく五〇駄の銑が銀二貫七〇〇匁で買い入れられている。このとき、口銭二七匁を加えた代銀のうち、同日のうちに銀二貫三九一匁五分が支払われ、銀一五八匁四匁一分は餅米代と、銀一七七匁九厘は銭・塩代と差引勘定されている。この頃の銑・鉄の取引は、そのたびごとに多様な形でおこなわれていたことがわかる。他領へ移出される銑・鉄が増大しつつある中、これに対応した流通の仕組みがこの頃には未だ整っていなかったのではないかと思われる。

十八世紀後半、商家との取引の件数が増加した背景としては、まず銀山料内の港町に銑・鉄を取り扱う商家が増加したことがあるだろう。それらのなかには、特定の鈩・鍛冶屋との強いつながりを持っていたと思われる商家もあった。増屋が温泉津越前屋から買い入れた銑は、「萬貸帳」にはしばしば「三原銑」「三原南佐木銑」などと、南佐木鈩で生産された銑であったことが記されている。越前屋はさらに、同じく温泉津の商人、梅田屋の取次を得て、三原銑を入手していたようである。越前屋宇野右衛門から増屋茂七へ宛てた次の書状から、そのことをうかがうことができる。

【史料三】

一筆啓上仕候、弥御堅固ニ可被成御座候と珍重ニ奉存候、此元不相替罷在候、然者此中梅田屋江三原より御出、銑商内有之候、三拾五匁かへニ而御座候、例之通り駄ニ六四銭七匁添ニ御座候、高之駄数わつりニ而当り前壱人四駄宛ニ而御座候、三人前拾弐駄ニ而御座候、則さとや、米子屋よりも状遣申候、わつりニ而御やかましく被思召候得とも、買つけ之事と御座候故人なミ仕候、銀子此市十郎江可被遣候、銭之分ハ此方より払可申候、

一、此中いなば米七拾銭ニ而七拾五匁ニうれ申候、越後米者七拾目くらひと相見へ申候、米買人すきと無之候、

一、御手舩昨朝出舩仕候、手前舩も其外類舩六ツ七ツ有之候、恐惶謹言

八月三日

越前屋宇野右衛門

増屋茂七様

（八月三日付　増屋茂七宛越前屋宇野右衛門書状）

この書状に年代は記されていないが、人名からみて宝暦期頃のものと推測される。増屋の史料のなかには、越前屋から送られたこれと同様の内容の書状が多く遺されている。【史料三】によれば、三原鈩より梅田屋を訪ねて売買の取引がおこなわれ、そこで一駄につき銀三五匁という売値が定められている。一駄につき「六四銭七匁添」と銭匁勘定で示された銭は、手数料の類いであろうか。このときには、増屋のほかに米子屋、佐渡屋へもそれぞれ四駄ずつの銑が割り当てられている。また、この書状では、因幡米や越後米の商況についても記されている。こうした情報は、他の港町の商人や寄港先からの廻船の船頭の書状を通じてももたらされたが、いずれも有益なものであったと思われる。

このように、鉧との取引に商家が関与したのは、三原南佐木鉧に限ったことではなかった。古浦鉧は、すべての時期を通じて、増屋との取引の頻度が最も高かった鉧であったが、やはり「世話人」「請相人」などとして、大浦の商家、尾波屋が取引に介在していた。尾波屋はその屋号からみて、尾波村の出身者であったと思われる。この商家は、少なくとも一七三〇年代には大浦における「鉄宿」のひとりとして活動していたことが、【史料四】から明らかである。

【史料四】

預り申現鉄(ママ)之事

一、銑弐百駄定　　但、三拾貫目駄也

右ハ貴殿御買被成候銑、我等両人土蔵ニ積預り申候所無紛候、何時ニ而も舩積之節、貴殿か差図次第掛改、無相違相渡可申候、若壱束ニ而も紛失仕候ハ、請相人ゟ右書付之辻急度弁進可申候、為後日一札仍而如件

享保十七年正月

大浦鉄宿　尾波や喜三右衛門

同浦鉄宿　いつもや九兵衛

請相人鬼村　鉧主惣右衛門

静間村かうや孫右衛門殿

（享保十七年一月「預り申現鉄之事」）

「鉄宿」は、松江藩における事例などから鉄問屋と考えられている。(27) 右の史料によれば、享保十七年正月、静間村かうや孫右衛門が買い入れた銑二〇〇駄が、大浦尾波屋と出雲屋の二軒の鉄宿の土蔵に預け

られている。万一、紛失などがあった場合には請相人より弁済するとあるが、その請相人として鬼村の惣右衛門の名が記されている。「鈩主」という肩書きからみて、この者は鬼村鈩と関係のあった人物かと思われる。あるいは、この者がこの時預けられた銑の生産者であったかもしれない。
尾波屋は、古浦鈩のみでなく、笹鈩など大浦周辺をはじめ、海浜部の製鉄業者と増屋とを結びつける役割を果たしていたようである。【史料五】にはそのことがよく示されている。

【史料五】

（前略）

一、銀六貫弐百八拾七匁弐分五厘　仕切前
内
弐百八拾七匁弐分五厘
丹波屋ゟ請取、其時請取書付遣申上候、御戻可被下候、
残而六貫目
　右之通り可被遣候、
一、久手竹屋銑、是ハ口田儀三嶋与九郎殿方へ出申候由申参候、少々ハ波根へも出し有之候由ニ申参候、能便不仕廻りかね気のとくニ奉存候、
一、笹鈩銑今三拾束程不足ニ相見へ申候、是ハこもり次第早速出申候間、左様御心得可被下候、
一、古浦鈩銑百た前ニ積置申候、笹鈩銑四拾た包置申候、包候ハ此分ニ而よく御座候や、未御包被成候ハヽ、御申越可被下候、為包置可申候、
一、笹鈩、久手鈩銑御買可被下候、明日私罷越委細御咄可申上候、以上
十一月廿五日

〆
尾波屋市右衛門

升屋茂七様

旨

（十一月十五日付　升屋茂七宛尾波屋市右衛門書状）

この尾波屋市右衛門の書状には年次は記されていないが、ともに保存されていた宝暦五年（一七五五）十一月七日付の銑売約束手形の内容が、ここに引用した史料の冒頭部分と一致しており、この書状も同年に認められたものと思われる。[28]「仕切前」の銀六貫二八七匁二分五厘は、古浦鉐庄五郎より一駄につき四一匁五分で一五〇駄買い入れた銑の代銀に、口銭としてその百分の一にあたる六二匁二分五厘を加えた額にあたる。尾波屋はこのときの売約束手形に「証人」として名を記し、印を捺している。銑の受け渡しは翌年の正月から三月迄とされていた。代銀の一部を仲介した丹波屋も大浦の商家であった。書状では次に、久手浦竹屋銑が専ら口田儀村（出雲市口田儀）の三嶋与九郎のもとへ送られており、波根浦へも少々送られているという情報が伝えられている。増屋が竹屋銑の買い入れを所望し、尾波屋を通じて問い合わせたものかと思われる。続いて、笹鉐銑、古浦鉐銑の出荷の準備状況についての報告がなされた上で、最後に、笹鉐銑、久手鉐銑の売買について詳しく話し合うべく、その翌日に増屋のもとへ訪れる所存である旨が述べられている。

五　十八世紀末における「為替銑」と宅野鉐

商家との取引の頻度が高まるにつれて、増屋の「萬貸帳」には、前年以前の取引が引き続いて記載さ

第２表　明和８年「萬貨帳」に記載された増屋の銑・鉄取引

年	月 日	取引相手	取引内容	商品	数（駄）	代銀（匁）	備考
宝暦2 申 1752	10月	沖泊 かけ兵三郎	預ケ	銑	36		残り10束不足
宝暦5 亥 1755	11月	笹鉐 平兵衛	買	銑	100	3,939	残り37駄不足
宝暦9 卯 1759	7月 3日	大浦 塩屋出みせ弥市郎	買	銑	50	1,471.3	残り18駄不足
宝暦9 卯 1759	4月	赤間関 原屋為兵衛	預ケ	銑	5		原屋帳面と齟齬あり
宝暦13 未 1763	5月	久手 越生屋百済鉐	買	銑	50	2,025	〆35駄不足
明和3 戌 1766	12月20日	雲州田儀 新屋与三右衛門	買	銑	30	1,212	18束のみ請取。
	2月15日	温泉津 越前屋	買	銑	20	767.6	三原南佐木銑，12月積み出し
	2月20日	古浦鉐 吉右衛門	買	銑	20.66	764.4	100駄のうち，寅4月79駄余出荷した残り
	3月14日	温泉津 越前屋宇野右衛門	買	銑	10	390	とみ屋銑，12月積み出し
	4月14日	古浦鉐 吉右衛門	買	銑	50	2,080.6	丹波屋，尾波屋手形あり
	4月18日	温泉津 越前屋	買	銑	20	828.2	三原銑，12月積み出し
	4月23日	温泉津 越前屋	買	銑	50	2,050	12月積み出し
	4月	大浦 丹波屋	預ケ	銑	2駄1束		波根銑残り，丹波屋へ預け置く
		大浦 丹波屋	預ケ	銑	1束		丹波屋へ預け置く
		大浦 丹波屋	預ケ	銑	15	618	まへ新屋銑，丹波屋にあり
		大浦 丹波屋	預ケ	銑	49		可部屋銑，丹波屋にあり
明和7 寅 1770	5月 5日	古浦鉐 吉右衛門	買	銑	100	4,332.9	丹波屋，尾波屋手形あり
	閏6月 5日	古浦鉐 吉右衛門	買	銑	100	3,464	丹波屋・尾波屋手形・仕切羽書あり
	5月17日	大坂 高松屋宗右衛門	預ケ	銑	320束		元右衛門（船頭）上げ，預け置く。預り手形あり。
	5月26日	大坂 讃岐屋長右衛門	預ケ	銑	520束		元右衛門（船頭）上げ，預け置く。預り手形あり。
	閏6月19日	柳瀬 湊屋五兵衛	買	銑	20	700	仁万又三買戻り，前の蔵に入
	7月 5日	古浦鉐 吉右衛門	買	銑	100	3,464.3	尾波屋・丹波屋請取手形・仕切羽書あり
	8月16日	古浦鉐 吉右衛門	買	銑	50	1,696.8	尾波屋・丹波屋仕切羽書あり
	11月13日	古浦鉐 吉右衛門	買	銑	50	1,651.4	尾波屋・丹波屋仕切羽書あり
	11月27日	温泉津 越前屋宇野右衛門	買	銑	20	714	富屋銑，12月積み出し
	11月30日	古浦鉐 吉右衛門	買	銑	80	2,714.9	尾波屋・丹波屋仕切羽書あり
	12月	杵築町 藤間新蔵	買	中割	40	2,343.2	卯3月宇龍渡し,委細仕切状・蔵預あり,中屋にも40駄買被申仕切状蔵預あり,4月北行に積
	2月	古浦鉐 吉右衛門	買	銑	50	1,631.2	内87匁7分、大黒屋へ取替候糧米代引き,3月切り尾波屋・丹波屋仕切羽書あり
	2月16日	波根 彦六	買	銑	50	1,597.1	丹波屋世話にて買，銑現物は丹波屋にあり，仕切状もあり，6月7日北行に積
	4月 6日	古浦鉐 吉右衛門	買	銑	70	2,354.3	5月10日切尾波屋・丹波屋仕切羽書あり
明和8 卯 1771	6月12日	古浦鉐 吉右衛門	買	銑	70	2,311.9	8月20日切尾波屋・丹波屋仕切羽書あり，内63駄3分4厘9月出
	7月26日	波根 彦六	買	銑	100	3,262.3	9月切り丹波屋世話にて買，仕切状あり
	10月28日	古浦鉐 吉右衛門	買	銑	100	3,636	11月20日切仕切羽書あり，丹波屋・尾波屋請相，内90駄12月積出
	12月19日	古浦鉐 吉右衛門	買	銑	200	8,120.4	2月20日切仕切羽書あり，丹波屋・尾波屋請相

（泉家文書　「明和八年　萬貨帳」より作成）

れる例が増加した。売り渡す約束をした銑の引き渡しが完了するまで数カ月を要した、という例は以前よりみられたが、買い入れられた銑が、廻船に積まれて運び出されるまで、しばし商家の蔵に置かれることが次第に目に付くようになり、十八世紀半ば頃には、こうした例が年をまたぐことも恒常的にみられるようになった。たとえば、明和八年（一七七一）の「萬貸帳」を例にとると、記載された三五件の取引のうち、実に二七件が前年までの取引に関するものであった（第2表）。それらのうち、取引先の記録との間に齟齬があって、事実上、銑、あるいは代銀の引き渡しが滞っていたものが一件、買い入れた銑の一部が未納のまま継続して帳面に載せられているものが五件あった。残りの二一件は、前年末の十二月、および明和八年になって廻船の便で積み出されたものであった。商家から買い入れられた銑が蔵へ預けられていた期間は、長い例では十カ月にも及んでいた。これらの中には、移出先での銑価格の相場をみて、出荷の時期を調整する目的のものもあったのではないかと思われる。

このように長期間にわたって蔵に預けられるようになった結果、銑がさまざまに融通される余地が生じたようである。たとえば、第2表にも示されている明和七年二月十五日、温泉津の越前屋より口銭を含めて銀七六七匁六分で買い入れられた銑二〇駄のうち、一〇駄について、「正月登りニ越前屋ニ而かり、右之内ニ而三月戻す」と記されている。この取引に先立つ同年一月、増屋の船が大坂に向けて出航した際、越前屋に銑一〇駄を借りて積んでいたという記載があるが、この度の取引で買い入れた中から、その分を返済したというのである。

このような例に類するものであろうか、一七七〇年代以降の「萬貸帳」には、「為替銑」「銑を為替にする」といった文言が記載された例が散見される。銀銭の借り入れに際して、銑をその質物とするといった場合に、「為替」ということばが用いられた例もみられるが、そのようには読み取ることができないものも多い。以下に若干の例をあげてみよう。

【史料六】

八月朔日買
一、銑七拾た　　　古浦鈩吉右衛門
　代銀弐貫六百八拾六匁六分　口銭共ニ
　九月廿日切羽書有
　　内四拾た　大こく屋之銑当村ニ有之古浦銑ゟ為替ニメ八月受取積出シ
　残而　三拾た　有

（安永三年「萬貸帳」）

【史料七】

辰（天明四）四月受取
一、同（銑）弐百た　同所（西ノな屋）ニ預ケ入有
是ハ古浦鈩ニ而手前買銑之内、大こく屋ゟ為替ニ致、当村鈩ゟ右銑受取、
但、三拾弐匁かへノ銑也、寅十二月買也

（天明四年「萬貸帳」）

　これらの史料にみられる大こく屋（大黒屋）は、大浦の商家であり、銑・鉄の売買に関わっていたとみられる[29]。また、宅野鈩は、安永三年（一七七四）の「萬貸帳」に初めてその名がみられるようになっており、まさにその頃、操業が開始されたものと思われる。江戸後期から明治初期にかけて藤間屋によって村内の字達水（たちみず）において営まれた鈩がこれに相当するものであろうかと思われるが、同年の「萬貸帳」には、「当村鈩喜兵衛」「当村鈩甚七」などと、泉姓の者と思われる人名が付されている記述もある。この

頃の宅野村鈩が果たして藤間屋の経営した鈩であったのか、鈩がどのように運営されていたか、といったことについては、今後さらに検討の余地があろう。

【史料六】によれば、安永三年八月一日、増屋が古浦鈩から銑七〇駄を買い入れた際、口銭を含めて銀二貫六八六匁六分を支払い、九月二十日までに銑を引き渡すという一札が取り交わされていた。続く箇所では、そのうちの四〇駄が、当時宅野村にあった大黒屋の銑であるところの古浦銑より「為替にして」八月中に増屋に引き渡され、積み出された、ということが示されている。[30]【史料七】では、二年前の天明二年に古浦鈩より買い入れた銑を、大こく屋より「為替に致し」、宅野鈩より銑二〇〇駄を受け取った、ということであると思われる。これらの例にみられる「為替にする」ということが、具体的にはどのようなことであったものか、これらの史料からのみでは明確にはわからないが、為替手形に類する書面を媒介として、それぞれの商家の手許にある銑を融通しあったものでなかったか、と推測される。いずれの例においても増屋が古浦鈩から買い入れた銑が、実際には宅野村にあった銑のうちから引き渡されていた。安永十年の「萬貸帳」には、前年十月に古浦鈩より銑二五〇駄を買い入れた際、うち一五駄について「大こく屋為替銑戻ス」という記載がある。残り二三五駄は五月に受け取り、大浦にて船積みされたとある。この例では、銑は生産されてから船積みされるまで、大黒屋へ渡った一五駄も含め、古浦鈩から大浦へと磯竹村内を移動したのみであったということになる。

このような取引が成り立つ背景として、商家相互の信用が必要とされたことはいうまでもない。さらに、為替を受け取った者が、それを引き替えるのに好都合な場所に一定量の銑・鉄が確保されている必要もあったと考えられる。大浦と宅野には、双方ともに銑・鉄を取り扱う商家があった上に、安永期頃に宅野鈩が営まれるようになったことによって、製鉄施設も双方に存在することとなった。この頃、増屋の帳面に為替を用いた銑の取引が記載されるようになったことは、宅野鈩の成立とも関連しているのではないかと思われる。

「為替」という文言は用いられていないが、寛政三年（一七九一）に、大森町の嘉庭屋嘉惣右衛門から鉄一〇〇駄を買い入れた際も、「此銑当村（宅野村）鈩ニ有之銑、四郎兵衛世話ニ買現銑也」とあり、宅野鈩にあった銑が、大森へ移動することないまま、宅野鈩から増屋へと渡されたようである。嘉庭屋がどのような目的をもって、一〇〇駄の銑を入手したかは不明であるが、銀山料外への移出が目的であったならば、わざわざ大森へ引き取る必要はなかったであろう。銀山料における製鉄が拡大し、銑・鉄の移出が盛んに行われるようになると、内陸部の商家や富裕な農家の中にも、その取引に関与しようとする者が現れたと考えられる。古浦鈩や宅野鈩など海辺部に立地した製鉄施設の意義は、より高まったと思われる。また、港町の商家が所有する蔵に、銑・鉄が長期にわたって保管される機会もますます多くなっていったのではなかろうか。(31)

おわりに

本稿では、十八世紀の石見銀山料における銑・鉄取引のあり方の一端を明らかにすることを目的として、銀山料宅野浦の廻船商人増屋の取引先の分布や経年的な変化、具体的な取引のあり方について検討してきた。ここで提示したささやかな事例を通じて、以下のようなことを明らかにすることができた。

まず、銀山料における産鉄の領外移出が増加しつつあった十八世紀前半、「敷銀」を支払った上での積荷の引き受け、仕入れ銀の前貸しなどを通じて、増屋のような廻船業者が、製鉄業者の円滑な生産活動を支えたという側面があった。

十八世紀半ばには、港町の商家相互の銑・鉄取引が増加したが、その背景には、製鉄業者が特定の商家との結び付きを強め、その商家を通じて、他の商家へも銑・鉄が販売されるようになったことがあると思われる。帳面には、製鉄業者との取引として記載されているものについても、「世話人」「請相人」

などと記された商家が実質的な取引相手として介在していた。こうして、多くの商家が関わって、買い入れた銑・鉄を領外におけるそれぞれの取引先へ移出したことで、銀山料の産鉄の販路は多様さを増していったと思われる。

十八世紀後半、銑・鉄の銀山料外への移出が増加するにつれ、海辺部の商家の蔵に預け置かれる銑・鉄が増加した。おそらくこのことと関連すると思われるが、銑・鉄を担保とした銀銭の貸借、現物の銑・鉄の貸借、「為替銑」などと称して、手形類によって取引がおこなわれるといった事例が、この頃しばしばみられるようになった。銑・鉄の蔵預かり期間は、銑・鉄を入手した商家が、より有利な移出先、時期を見極めようとしたこととの関連があったのではないか、と予察される。このような生産地における銑・鉄の流通構造の変化は、鉄座設置の要因のひとつであったという指摘もあり、[32]この点についてはさらに詳細な検討が望まれる。

松江藩におけるような、圧倒的に有力な鉄山師の存在を欠いた石見銀山料であったが、ここにみたように、港町の廻船商人、問屋などと製鉄業者との分業と緊密な連携が、製鉄業の存続を支えていた。最後に指摘したようなことを通じて、内陸部の商家や有力農家の経済力を銑・鉄の流通過程に取り込むことができたことは、十九世紀における製鉄業と銀山料外移出の隆盛の背景になったのではないだろうか。また、銑・鉄の移出を通じて銀山料内に持ち込まれた富は、その生産と流通に関わったさまざまな人びとのもとへもたらされ、料内富裕者による諸貸付銀の対応などの形で石見銀山稼行の継続にも寄与していたものと思われる。その具体的な様相の解明は、今後の大きな課題である。

【注】

(1) 向井義郎「中国山脈の鉄」(『日本産業史大系』七 中国四国地方篇、一九六〇年)。石見地域の諸行政体史においても、江戸期の製鉄について多くの紙数が割かれている。たとえば、石見町誌編纂委員会編『島根県邑智郡

石見町誌　下巻』（石見町、一九七二年）。桜江町誌編さん委員会編『桜江町誌　上巻』（桜江町、一九七三年）など。

(2) 角田徳幸『たたら吹製鉄の成立と展開』（清文堂、二〇一四年）。笠井今日子「近世江川流域における鑪製鉄業の展開」（『たたら研究』五〇号、二〇一〇年）など。

(3) 庄司久孝「たたらの経営状態より見たる出雲・石見の地域性」（『島根大学論集　人文科学』一号、一九五一年）。

(4) 仲野義文『銀山社会の解明―近世石見銀山の経営と社会』清文堂、二〇〇九年。原田洋一郎『近世日本における鉱物資源開発の展開―その地域的背景』（古今書院、二〇一一年）など。

(5) 仲野義文「十九世紀、石見東部における廻船活動と経営について」（『山陰地方における地域社会の存立基盤とその歴史的転換に関する研究―二〇一一年度～二〇一三年度　島根大学重点研究プロジェクト研究成果報告書』二〇一四年）、児島俊平『近世、石見の廻船と鉅製鉄』（郷土石見懇話会、二〇一〇年）など。

(6) 享保十四年四月「兄弟中銀高諸色寄帳」、同年同月「兄弟仲算用至極帳」（大田市仁摩町宅野泉家文書）。

(7) 原田洋一郎「石見銀山御料宅野浦における廻船商売に関する一考察」（『東京都立産業技術高専研究紀要』第七号、二〇一三年）。

(8) 六月六日「覚」（吉岡家文書、村上直・田中圭一・江面龍雄編『江戸幕府石見銀山史料』雄山閣、一九七八年、一〇四頁所収）。

(9) 前掲注(8)、一〇四頁、史料の解説参照。

(10) 明和八年「萬貸帳」（大田市仁摩町宅野泉家文書）など。

(11) 井上寛司「中世西日本海域の水運と交流」（森浩一ほか編『海と列島文化二　日本海と出雲世界』小学館、一九九一年）、相良英輔「回船問屋藤間家経済活動の歴史的背景」（勝部眞人編『幕末維新期の出雲・大社地方における史的特質―大社町藤間家を中心として―　平成十四年度～平成十六年度科研費補助金基盤研究C研究成果報告書』二〇〇五年）など。

(12) ここでは、明治九年二月「濱田県下迩摩郡宅野邨藤間太郎家景（ママ）図」（大田市仁摩町宅野本藤間家文書）を参照した。この史料は、数ある藤間家系図の写本のひとつであるが、写本によっては、四女の嫁ぎ先を大国村清水家と記したものもある。

(13) 元禄十五年正月「御請鉄員数留帖」(江津市桜江町大貫中村家文書)。
(14) 寛延三年六月「相渡シ申証文之事」(大田市仁摩町宅野泉家文書)に「石田屋茂平次」という署名がある。
(15) 島根県教育委員会『島根県生産遺跡分布調査報告書Ⅱ　石見部製鉄遺跡』(島根県教育委員会、一九八四年)。
(16) 同年の帳面には、貸し銀の項目のところに、「静間」とのみ記された買い入れ先も記録されている。後の帳面にみられる静間鈩を指すものかと思われる。
(17) 宅野藤間屋の番頭を勤めた森山家の史料のなかに、弘化、嘉永期頃から鉄ヶ谷鈩の経営について記された史料が散見される。たとえば、弘化三年十月改「乙巳鉄ヶ谷鑪残物并ニ人勘定書出帖」(大田市仁摩町宅野森山家文書、石見銀山資料館へ寄託)など。
(18) 正徳四年十月「銀山御料御立山反別并請方覚帳」(江津市桜江町大貫中村家文書)。
(19) 明和八年「萬貸帳」には、古浦鈩吉右衛門は、笹鈩平兵衛の伜と記されている。
(20) 武井博明『近世製鉄史論』(三一書房、一九七二年)など。
(21) 享保十年一月「宅野浦庄右衛門舩百拾石積拾壱端帆舩頭水主七人乗巳年宗旨改帳」(大田市仁摩町宅野泉家文書)。
(22) 享保十三年九月「大坂着扱苧長割積申儀定之事」(大田市仁摩町宅野泉家文書)。
(23) 享保十七年の「萬貸帳」には、ここに「此銑請取」と追記されており、これらが前渡しされた銑代銀であったことがわかる。
(24) 享保二年十一月「乍恐以書附御断申上候御事」、宝永七年十月十七日「口上之覚」(大田市仁摩町宅野泉家文書)。
(25) 元文四年正月「拝借仕銀子之事」(大田市仁摩町宅野泉家文書)。
(26) 前掲注(1)、向井(一九六〇)、一八〇頁。
(27) 仲野義文「田儀櫻井家の産鉄流通について」(島根県多伎町教育委員会編『田儀櫻井家　―田儀櫻井家のたたら製鉄に関する基礎調査報告書』二〇〇四年)、五〇頁。
(28) 宝暦五年十一月「売約束申銑之事」(大田市仁摩町宅野泉家文書)。
(29) 寛政三年「萬貸帳」の「萬貸」の項に、九月二十八日、大浦の大こく屋五左衛門が、銑の買い入れ銀に差し支え、銀五貫目を増屋より借り入れたという記録がある。また、大浦の浄円寺の墓地に、大黒屋五左衛門(天明八年没）の墓があり、同家の開基ともある。

(30) ここには「当村ニ有之」と記されたのみであるが、安永四年「萬貸帳」には、「百七拾た　大こく屋銑西ノなやニ有之分古浦銑より為替ニして九月登りニつミ候、此分右古浦銑之内ニ而戻す」と、もう少し具体的な記述がある。

(31) 寛政三年（一七九一）の「萬貸帳」によれば、天明三年（一七八三）に廻船業を廃業した後の増屋でも、前の蔵に二三〇駄、後の納屋に二六〇駄、西の納屋に五五〇駄、計一〇四〇駄保管されていた。

(32) 前掲注(20)。

十九世紀半ばにおける石見国銀山附幕領の経済状況と「銭遣い」

小林准士

はじめに

日本近世には、金銀銅の三貨制の下、東日本の金遣い、西日本の銀遣いが行われ、銭貨は補助貨幣であったと長らく考えられてきた。しかし、近年の藤本隆士や岩橋勝らの研究によって、特に民間においては銭遣い（銭建て）であった地域が西南日本を中心に多く存在したことが明らかになっている。[1] そして、それら銭遣いが行われていた地域の中には、一定枚数の銭を銀貨の単位でもある一匁とする銭匁（せんめ）勘定[2]が用いられていた地域と、高額の商取引においても銭文勘定を用いていた地域があることも明らかにされている。[3]

しかし、銭匁勘定にせよ、高額銭文勘定にせよ、その実態が明らかにされているのは藩領の場合が多く、幕領については九州の日田や天草における銭匁勘定である十九文銭、[4] 備中倉敷周辺における七五勘定や通用勘定、[5] 伊予別子銅山周辺における他領銭匁札の流通[6]などについて明らかにされているに過ぎない。また、中国地方西部については銭匁勘定が行われた防長二国（長州藩領）[7]や高額銭文勘定が用いられていた出雲松江藩領[8]についての研究などはあるが、石見国については研究の空白域となっている。[9]

そこで本稿では、石見国銀山附幕領（以下、「銀山御料」という史料表記に基づき、「銀山料」と略記する）の事例を取り上げ、特に民間における銭遣いの存在を指摘し、その実態を解明したい。結論から先に述べるならば、銀山料では、他領銀札の流通が見られるものの、東伊予のように複数藩領の銭匁勘定がそのまま用いられることはなく、領内独自にそれらの一匁当たりの文数を取り決めていたこと、その相場は陣屋元である大森町の役人や郡中・組合村の議定により変動していたことなどを指摘できる。

ただし、検討した史料の制約から十八世紀以前の状況については不明とせざるを得ない。しかし、十九世紀段階については、特に天保飢饉に郡中や組合村がどのように対処しようとしたかという問題と貨幣流通のあり方が深く関わっていたことが判明したので[10]、本稿では銀山料の経済状況と貨幣流通との関わりに焦点を合わせるかたちで検討していくことにする。

一　天保飢饉時の経済状況と銭の領外移出禁止

左の史料は、天保七年（一八三六）十月に銀山料のうち波積・久利・大田・佐摩の四つの組合村の庄屋が連印で大森代官所に提出した願書の一部である。

【史料一】

一体当郡中山入ニ而者至而人少手余地等有之候所、海辺付村方不相応之人別ニ而郡中ニ而者人高凡拾万人も有之、平年ニ而も土地米ニ而者夫食引足不申、年中北国九州米買入取続候へども、去ル酉年以来年々作方不熟仕、其上米価を始諸色共直段存外引立、就中去ル巳年之義者近年稀成不熟ニ而、其後も年柄不宜極難ニ陥り、絶々取続罷在候上、又候当年右様之凶作、何れも夫食貯無御座、価ニ不拘売米一切無御座様成行、色々買入心配仕候而も近隣国々者勿論、北国九州迚も同様之作方、米津出御領主様ゟ御差留ニ被成、米買取難相成、当春以来、当浦方ゟ買入ニ罷越候もの共、悉空船ニ而帰帆仕、夫故六月下旬ゟ必至夫食差支、尤村方ニ寄、重立候もの共、格別ニ差働、村限り少々も勘弁米売出候へども、難渋之年柄、小前末々日雇駄賃等之儲も無御座、却而所々江奉公稼大工稼等諸稼罷出居候もの者追々立帰、殊ニ国産第一之鉄山稼も穀類高直ニ而ハ稼方引合不申、休滞罷在候もの多、其外楮扱苧毒荏木のミ類ニ至ル迄悉違作仕、別段余業無御座、彼是ニ付而者他所ゟ入込候金銭一切無之様罷成、右勘弁米も買入才覚仕兼、都而一統極難ニ迫り、[11]（下略）

この願書では、年貢廻米量の削減とその分の石代納の許可、石代納代銀を昨年までの十年間平均値段とすることなどが願い出られているのであるが、右の引用部分では天保飢饉に際しての同領内の窮状が訴えられている。これによると、銀山料では「去ル酉年」、すなわち文政八年（一八二五）から不作勝ちで特に「巳年」（天保四年）は稀な不熟年であったのに続き、天保七年は凶作となり、領内外の米の買い入れが難しくなったため、食料米が不足していた。[12] ここで注目したいのは、同領がそのような事態に陥る理由が次のように述べられていることである。

①領内の海に近接した村々は人口が多く、平年も「北国九州」から米を買い入れなければならないほど、食料が不足していること。

②小前の者や日雇いは稼ぎがなくなり、そのうえ領外へ出稼ぎに赴いていた職人たちが立ち帰ってきた上に、「国産第一」の製鉄が穀物価格の騰貴に伴い採算が取れなくなり、他領からの貨幣収入がなくなってしまったため、困窮者に与える「勘弁米」の確保も難しくなっていること。

つまり、銀山料では平年から「国産」である鉄等の領外販売により貨幣を入手し、不足し勝ちな食料を確保してきたのであるが、凶作時には、全国的な米価の高騰に伴い、製鉄業の経費が増大するなどして製品の領外販売が困難となるために、貨幣が不足し食料の購入も困難になるという、事態の悪循環が見られるというわけである。

このように、銀山料では鉄等を領外販売して得た貨幣によって穀物を領外から確保することで、人びとの生存が図られていたとすれば、貨幣流通の有り様は領域社会の存立にとっても大きな問題となっていたはずである。果たして、天保の飢饉の予兆が見え始めていた天保二年には、すでに領域における貨幣の量的確保が問題となり、対策が講じられていた。

【史料二】

当支配之義、銀銭通用之国柄ニ而既ニ其村々御年貢上納物口々御貸附納渡も正銀取扱ニ有之、且銀山稼入用者諸山多分之銭渡ニ有之候間、銀銭融通専之国ニ候処、近来村方浦方商人共銀銭両替聊之歩合ヲ見込、呉服其外上方仕入等ニ銭積廻し、其外浦方ニおゐてハ他国入津米買入代其外他国船方取引銭を以相払候趣ニ相聞、一体他国与違丁銭通用之訳ニも候得共、相場違ひ、聊之利欲迷ひ往々郡中衰微之患を不顧一分之身勝手をかまへ、心得違之もの有之哉ニ相聞、以之外之事ニ候、以来上方仕入物他国船商人ゟ買入もの之料可成丈ケ金子を以相渡、銭を相払候義者可為無用候、右申渡上ニも是迄之通り、如何敷取計致もの有之者、即刻差押可訴出、隠置ニおゐて者村役人倶々可為越度候

右之趣急度相守、村内一統江村役人ゟ不洩様可相触候、此廻状村下令受印留村ゟ可相返者也

卯二月廿二日　大森

御役所

村々役人[13]

（史料中の傍線は筆者による。以下同じ。）

これは、天保二年二月二十二日に大森代官所[14]が管内村々に宛てて出した触書であるが、実際には、領

内六組の組合村総代が「銭他国船積出等御差留」を求めた願いに応じて出された、いわゆる願い触れであった[15]。この触書からは、銀山料における貨幣流通の実態と、それにまつわる問題について幾つかのことを確認できるので、以下、まとめておこう。

①銀山料では、基本的には銀と銭が通用しており、年貢の上納や幕府からの貸し付けやその返納も「正銀」で授受されていること。

②銀山内では銭が用いられていること。

③他領と異なり、九六銭などを用いる慣行がなく、丁銭、すなわち銭一〇〇文が額面通り一〇〇文として通用していること。

④銀と銭の両替相場をにらんで、商人たちが船に銭を載せて上方（京坂）へ運んだり、他領からの廻船への米代金の支払いなどに銭を使ったりしているために、銭の領外流出が問題になっていること。

⑤銭の領外流出を防ぐために、商品購入に当たっての金の使用が推奨されていること。

これにより、天保初年ごろの銀山料では、幕府鋳造の正貨である銀や銭の通用が基本で、領内で銀札などは発行されていなかったこと、その一方で金の流通も始まっていること、銭の領外移出に伴い「銭不自由」という事態が問題となっているが、銭の移出や支払いによる利益が見込まれていることから、上方相場に比べてむしろ銭安の相場であったことなどが分かる。後述するが、「銭不自由」という言葉とは裏腹に、実際には銭以外の支払い手段の増加によって、平時には銭が余る様相を呈していたと言えるであろう。また、銭移出の条件として、浦々への廻船の渡来や自領廻船への積載が問題になっていることから、海運の発達が右に見た事態を助長している点にも注意が必要である[16]。

しかし、このような触れが出されたのにもかかわらず、その後も銭の領外流出は続いたようで、特に前年に凶作が甚だしかった天保八年には再びこのことが問題となり、銭の他領への売り出しが全面的に禁じられることになった。

【史料三】
海辺筋商人共船方之ものへ申談、他国へ銭売出趣ニ而追々銭不足相成、銀山御入用銭買入方差支并ニ村方ニ而も小前末々之もの共、別而致難儀候由相聞候間、以来他国へ銭売出候義決而致間敷候、万一売出候趣相聞ニおゐてハ急度令吟味条可得其意候、若如何之儀及見聞候ハヽ、早速可訴出候、此廻状早々順達従留村可相返もの也
酉（天保八）十二月廿二日　大森
御役所[17]

この史料で注目すべきなのは、他領への銭移出によって村方の「小前末々」の者が困難に陥っていることとともに、「銀山御入用銭」の購入に支障が出ていることが触れられている点である。先ほど、【史料二】から分かることの②で述べたように、銀山では銭が使用されていたのであるが、[18]これは領内にある銭を（おそらく銀によって）買い入れるかたちで調達されていた。銀山料で銭の払底が問題となる背景には、このような銀山の経営上の条件が存したのである。しかしこのような禁止措置にもかかわらず、その後も銭の払底は問題であり続けたことが左の史料から分かる。

【史料四】
（上脱カ）差申御請書之事
当郡中之儀下夕方之者銭を以専ら通用いたし、別而銀山方稼入用其外諸渡方都而銭渡之処、近年追々郡中銭払底ニ相成、右渡方時々差支買銭時々差支（ママ）、時節ニ寄候得者、稼方響ニも相成、御益筋ニ拘、容易ならさる義ニ付、先達而中郡中重立候者江大坂表ゟ多分銭買入させ候程之儀、且壱朱銀

通用御差留ニ相成候上者、猶更村々おゐて銭払底ニ而者融通差支、私領銀札重ニ取引いたし、時々相場高下有之間損相立、小前末々之もの難渋およひ可申、右者海辺村々船持船頭共之内心得違之もの、一己之利益ニ迷ひ、他所江銭積出し相場間之利潤を貪候より、追々払底相成候趣相聞、定て他所江銭積出間敷旨、度々申渡置候得共、兎角眼前之利欲ニ迷ひ、銘々国所之衰微之事ニ不心付、不直之取計いたし候族も有之哉ニ而不埒之至りニ候、当支配所廻船之義者前々ゟ御運(マヽ)も不相納無冥加ニ而商買いたし候儀者、畢竟山中不弁利之土地柄、国中融通可相弁ため、且銀山御蔵入之御用茂相勤候ニ付而者、外ニ不例之仕来有之候間、難有御趣意相弁候、公儀御為者勿論、郡益融通差支不申様、精々心掛正路之取計可致筈之処、自己之勝手之取計之儀者甚た心得違之至り付、右之御趣意相弁、御時節柄万事御取締中之儀者所々■■■(抹消)趣申渡候趣相守、他国船取引之儀も成丈銭ニ而不致趣一同申合、此節大坂表銭相場引上候儀ニ付、心得違者無之様、船持之者共ゟ船頭水主も厳敷可申付、若向後不取締之儀有之、銭払底にいよひ(マヽ)銀山稼入用渡方差支候節者、船持并ニ浦方一同江銭買入方申付候間、兼而其旨相心得、右体之事ニ不至様浦々申合、相互へ吟味いたし取締可致事、前書之通海辺村々役人浦長船持之者江被仰渡候ニ付、郡中村々おゐても成丈他国江銭持不致様村役人重立之者ゟ取締可致旨被仰渡承知奉畏、依之御請申上候、以上

天保十四年五月十七日

郡中惣代

名前一同

御役所[19]

右は銀山料の村々全体の総代が大森代官所に提出した請け書（誓約書）であるが、銭の積み出しと銭による支払い抑制を誓った、この文書からは左のことが判明する。

①【史料三】におけるのと同様、銀山入用銭の確保の観点から銭払底が問題となっており、このことは「御益筋」、すなわち銀山経営と幕府の利益に関わることであると認識されていること。
②後述するように、これ以前に大坂で銭を買い入れて調達していること。
③一朱銀の通用停止が問題となっていることから、この時期には少額の計数金銀貨が銭に代わる役割を果たしていること。
④同様に、私領の銀札が流通し銭の代わりとなっていることが判明するが、銀札の価値は相場に応じて変動していること。
⑤大坂における銭相場の上昇について触れた部分から分かるように、銭払底が問題となっているにもかかわらず、銭を領外移出して利益を得ようとする動向の存していること。

つまり、銀山入用銭の確保のために、銭を一定量領内に留めておかなければならないという事情がある一方で、銭相場はむしろ大坂の方が高いという状況にあることが分かる。このことは、③④のように銭以外の支払い手段が領内では普及していたために、むしろ銭が領内では余り、対外的な支払い手段として利用されやすいという状況にあることを意味しよう。したがって、天保期における「銭払底」という事態は、文政・天保期に増鋳された少額の計数金銀貨の普及[20]や他領銀札の流入によって、相対的に需要の減じた銭貨が海運の発展に伴って領外流出したために起こったと推測することが可能である。いわば銭が「余った」結果、銭の流出という現象が生じたのであるが、銀山入用銭の確保という条件と、凶作時における貨幣収入の減少を見越した、領内外における飯米調達のための支払い手段の確保という理由から、「銭払底」が問題となり、対策が講じられることになったのである。

二　他領藩札の流入とその抑制

前節で述べたように、天保期における凶作年の反復という状況下で問題になったのは、飯米購入に充てるための幕府正貨の確保であった。このため、この時期になると、銭流出の一因になっていた他領銀札の流入が銀山料では問題視されるようになる。後掲の【史料七】によれば、銀山料で他領銀札が使用されるようになったのは、天保四年（一八三三）から遡ること、三十年前、すなわち十九世紀初頭のようである。そして文政から天保年間にかけて主に使用されたのは、安芸札（広島藩札）と浜田札（浜田藩札）であったことが左記の史料などから窺える。

【史料五】

戌（文政九年）十一月廿二日

一、安芸札壱匁ニ付九拾文ニ取引致候処、三次辺ニ而者九拾六文ニ取引致候儀ニ付、以来札歩之儀者御役所ニおゐて沙汰不致候間、相対取引ニいたし候様可致、乍併格別行違有之候而者不宜候間、大辻之所ハ申合置候様可致旨御沙汰ニ付、町役人申合、安芸札九拾弐文、浜田札百四文受引致候様、今廿二日申触候。(21)

これは、銀山料の陣屋元である大森町の役人による文政九年（一八二六）の記録であるが、①この時点までは安芸札には大森代官所によって公定の相場が一匁＝九〇文と立てられていたこと、②しかし備後国三次の相場との齟齬が大きくなってきたために相場の公定はなされなくなったこと、③ただし大森町の役人の申し合わせに基づき安芸札一匁＝九二文、浜田札一匁＝一〇四文で取り引きするよう達せられたことなどが判明する。他領銀札の使用が領主役所によって容認されていたこととともに、その相場設定にあたっては陣屋元の大森町の役割が大きかった点に注意が必要であろう。
したがって、他領銀札の流通を統御するにあたっても、大森町の役人らの働きが重要であった。次に掲げるのは、天保二年に郷宿から久利組の村々に宛てて出された廻状である。

【史料六】

急廻状を以得御意候、各様弥御荘栄可被成御座奉賀候、然者浜田并ニ芸州国札共、近来当郡中江夥敷入込銀銭不自由ニ相成、既ニ当五月皆済納之節も国札両替等差支、尤銀銭買物代等国札ニ而者受引難出来様相成、追々銀銭不融通ニ相成、郡中一統迷惑ニ可有之、勿論当町方小前ニおゐてハ及難儀候義も有之趣相聞、依而町役人評儀之上浜田札百弐文、芸札九十弐文与歩下ケ取引可致旨、町方小前へ相触申候、勿論浜田表ニおゐても百四文ニ歩下ケ通用被仰出候義ニ有之義、前書之通相触申候間、其段御承知可被成候、先ハ為御心得廻状を以如斯御座候、以上

卯五月十五日□(出カ)　　田儀屋清六

村々御役人中(22)

この史料からは、他領銀札の流入に伴って、銀と銭の流通が「不自由」となり、銀札と銀との両替に支障を来し、年貢銀の調達が滞っている点を踏まえ、浜田札（一匁）＝一〇二文、安芸札（一匁）＝九二文というように、銀札の流通を抑制するために、大森町役人らにより銀札の価値の「歩下げ」が取り決められたことが分かる。

こうした歩下げはその後も続けられたが、次の史料に見られるように、翌々年の天保四年には、浜田札一匁＝一〇〇文、安芸札一匁＝九二文と、銀山料（郡中）村々全体で取り決められている。

【史料七】

郡中六組申合議定書

当御料所者先前ゟ銀銭通用ニ而事足候儀ハ全　御国恩之御冥加与難有奉存罷在候処、凡三拾ヶ年以来芸州広島当国浜田両所、夫々領分限通用之銀札追々入込、当時村々産物之品々多分札売買ニ相成、御年貢銀取集候節も札ニ而両替等差支、無拠御日限及遅納ニ恐入迷惑致候、既ニ当夏以来所出生米不足ニ付、他国米買入之節も銀銭不自由ニ付札ニ而買入不相成候故、自然与米直段高直ニ相成、諸人難渋いたし、此上追々札通用致候而者、郡中衰微之基ニ相成候ニ付、今般六組一同申合之上村々御年貢銀取集候節者不及申ニ、其外ニ而も村役人方へ銀銭取集候節、決而札ニ而受取候儀相止メ、村々産物之品ニ売払候節も成丈札商ひ不致銀銭ニ而売買致候様、村々ニ而取締、当時札歩浜田札壱匁ニ付銭百文、芸札壱匁ニ付九拾弐文通用ニ致、以来追々歩下ケ致、自然与札通用も相止り候様取計可申候、然ル上者村々諸商人共江も右之段申聞、札歩下ケ押付払等勝手侭之取計不致様可申渡、若右申合通相背候もの有之節者、他村他組之無差別、夫々急度及掛合ニ可申候、右者自後異変為申間敷、六組惣代儀定致置候処如件

天保四年九月

郡中六組

惣代連印(23)

このように銀山料の六組の組合村が議定したわけであるが、しかし郡中六組による相場の設定通りには、取り引きされなかったことが次の【史料八・九】から分かる。

【史料八】

急廻状を以得御意候、然者近来浜札安芸札多分入込ミ銀銭払底ニ罷成、郡中一同融通之趣を以、先

達而以来六組申合、御年貢御上納筋取立之節者両札取立申間敷、勿論諸取引ニ付歩合引下ケ候ハヽ、自然銀銭融通宜可相成ニ付、川筋者是迄浜札壱匁ニ付銭百八文、芸札壱匁ニ付銭九拾四文通用之所、浜札者八文、芸札者弐文引下ケ百文と九十弐文之通用ニといたし可然と申ニ承り御座候、依而右ニ准し、当組之儀者浜札壱匁ニ付銭九十六文、芸札壱匁ニ付銭九拾文ニ引下ケ取引いたし可然申合候間、其段御心得被成御取計可被成候、以上

（天保四年）巳九月廿四日(24)

村々(25)

【史料九】

切以廻状得御意候、各々様弥御荘栄可被成御座与奉賀候、然者札歩合之儀六組立会評儀致候処、大家・九日市・波積三組之儀ハ先達中ゟ札壱匁ニ付七拾文ニ歩下ケ取引致候由、尤波積組之内川筋辺（久利組）ハ元九拾文之処、八拾文ニ下ケ取引致候も有之趣ニ御座候、右之次第ニ付佐摩・大田・当組之儀も札壱匁浜札芸札共ニ七拾文ニ取引致候而可然旨一同申合ニ御座候、右為心得申上候、

（天保六年）未五月十一日

久利村
庄屋吉郎兵衛
稲用村
庄屋吉左衛門

【史料八】は天保四年に銀山料六組の内、佐摩組の村々に、【史料九】は天保六年（一八三五）に久利組の村々に、それぞれ宛てられた廻状である。【史料八】により、江の川筋の村々では、これまで浜田札一匁＝一〇八文・安芸札一匁＝九四文で通用していたのが、郡中議定（史料七）通りにそれぞれ一〇〇

文・九二文と引き下げて取り引きされるようになったことが分かる一方、佐摩組の村々では、浜田札一匁=九六文・安芸札九〇文と、銀札の価値をより引き下げた相場で通用させるように独自の組合村議定が結ばれたことが分かる。

また、【史料九】により、天保六年になると、六組の内、大家・九日市・波積の三つの組合村では、銀札一匁=七〇文に歩下げすることが取り決められたようであるが、波積組の場合は組内で統一されておらず、江の川筋の村々では銀札一匁を九〇文から八〇文にする独自の対応が取られていたことが分かる。そしてこうした状況を踏まえ、銀山料東部の佐摩・大田組・久利組でも、浜田札・安芸札ともに銀一匁=七〇文で取り引きさせることが決議されていたことも判明する。

右に述べてきた内容から、銀山料における他領銀札の流通実態について、次の事柄を指摘することができよう。すなわち、①天保期の凶作を受けて、領外への支払い手段の確保という観点から、郡中村々が他領銀札流入の抑制を試みるようになり、次第に銀札の価値の切り下げが行われたこと、②銀札の相場は完全な変動相場（天然相場）ではなく、郡中あるいは組合村などを単位として協議の上で取り決められていたこと、③したがって、郡中としての取り決めは意識されつつも、銀山料内の地域によって、銀札一匁当たりの銭文額は異なる場合があり、浜田札と安芸札といった銀札によっても異なったこと、などである。

こうした事柄を踏まえると、銀山料においては複数の銀札が混用されていて、それらの一匁当たりの銭相場も区々であることから、銀札一匁と幕府正貨の銀一匁との対応は前提とされていなかったと見てよいであろう。そして次の史料に見られるように、他領銀札は銭建てと銀建ての勘定の双方に用いられていた。

【史料一〇】

桜谷鑪

太田波積屋引受
卯十二月炭手前銀
十二月入銀高
一、銀弐貫目
此訳　銀五百目　竹五郎米代立用
金子拾壱両弐歩壱朱　受取
六十五匁ニテ
代銀七百五拾壱匁五分六厘
浜田札弐百五拾三匁四分壱厘
二分入ニして
代銀弐百四拾八匁四分四厘
〆壱〆五百目之辻
三月廿五日受取(26)

【史料一二】

長良鑪
（中略）
盆後ゟ十一月迄
一、木壱万千五百拾九〆九百六拾目
此駄三百八拾三匁九分九厘八六
四三

代百六拾五〆百拾九文
一、まつ三百九拾六〆百目
此駄拾三匁弐分〇三三
五三
代六〆九百九拾八文
一、銭壱〆七百八拾六文
〆百七拾三〆九百三文
内
百貫八百八拾五文　盆迄受取也
浜田札弐百目
数廿壱〆六百文
銭三拾弐〆弐百廿四文
是ハ申年迄勘定詰受取過可済分
小以百五拾四貫七百拾九文
差引
残拾九〆百八拾四文
卯十一月勘定詰不足可受取分(27)

いずれも鑪製鉄で用いる大炭の値段を計算した帳簿であるが、天保二年に作成された【史料一〇】では、浜田札は「二分入」、すなわち〇・九八で乗じた額に、また金は一両＝六五匁で銀高にそれぞれ換算され、銀建てで集計されている。一方、翌年に作成された【史料一一】では、浜田札二〇〇匁が一匁＝

一〇八文の計算で銭二一貫六〇〇文に換算されて、銭建てで集計されている。つまり、【史料八】で見たように、浜田札は江の川筋では一匁＝一〇八文で通用していたとされるのと照応する内容となっている（両鑪とも江の川沿いに位置している）。このように、銀山料では他領銀札が銀建て、銭建て両方の勘定で用いられていたのである。

したがって、他領から流入した銀札が銭建て、すなわち事実上の銭札としても使用されることがあったからこそ、正銭の需要が相対的に減じ、領内の銭相場が下落したために、利ざや獲得をもくろんだ銭の他領移出が行われたと考えられる。しかし、銭建ての勘定を前提に銀札が使用されたとはいえ、西南日本で広く見られる銭匁勘定、すなわち領内での一匁当たりの銭文額の固定はこの時期見られていない。その代わり、浜田札と安芸札に限り、両銀札の他領における相場も考慮しながら、地域単位で銭文額を暫定的に取り決めることで、銭札として通用させていたのである。

しかし、天保期には、正銭の確保という観点からこのような状態が問題視され、他領銀札の流通抑制が図られたのであるが、後述するように流通が幕末に至るまで停止することはなかった。この点は再び第四節で取り上げることにしたい。

三　銭の購入と両替及び通用相場

話しを銀山料における「銭払底」対策に戻そう。他領銀札の歩下げとともに行われたのは、【史料四】から分かることの②として述べたように、大坂からの銭の大量購入であった。この措置は、天保十二年（一八四一）に大森代官所の命により、銀山入用銭の確保を理由として、銀山料から金主を募り、領内の廻船に運搬させるかたちで実施された模様である。この際に動員された廻船に支払われた運賃を割賦した文書によれば、移入された銭高は一四，五九三貫六二四文であった。[28]こうして移入された銭は、出資

額に応じて領内の出資者に割賦されたようである。(29)

【史料一二】

銀山稼方御入用渡方之儀ハ従来銭払ニ有之候処、近年郡中銭払底ニ相成、買上方(ママ)も差支候ニ付、当春於大坂表銭買入、金主共へ相渡遣候間、郡中一統銭融通致候様可相成、併定迄之通下落之銭相場ニ而者自然与他国江持出、又者不融通ニ茂可相成間、追而銭融通差支無之様相成候迄者、銀壱匁ニ付調銭百四文之積相場相極取引可致候、

右之趣小前末々迄不洩様急度申渡、追而小前惣連印之請書可差出候、廻状村下庄屋合受印無遅滞順達留村より地方御役所へ可相返もの也

(天保十二年)丑五月廿九日　右村々(30)

その上で、右の史料に見られるように、せっかく回漕した銭が再び領外に流出しないよう、銀一匁＝調銭(丁銭)(31)一〇四文という相場が立てられた。この年の大坂における相場が銀一匁＝一〇九・八文であるので、かなり銭高に設定されたことが分かる。しかし、この相場は銀山料における取り引きで用いられた銀・銭の相場と開きがあったために、次に見るような対応が取られることになった。

【史料一三】

刻付以廻状得御意候、各様弥御荘栄可被成御座奉賀候、然ハ先達而大坂表ら御買入被為遊候銭銀壱匁ニ付百四文通用可致旨被仰触候処、右者両替相場ニ而外請引と者別段ニ不相成候而者、金弐朱ニ付凡四拾八文損亡ニ相成候ニ付、此度郡中惣代申合之上暫時銭百文ニ付六文歩合相付〆百六文通用致可然決評仕候間、左様御承知可被成候、左候得者是迄之通、金弐朱ニ付矢張八百八十文之通用ニ

相成、両替相場受引相場と別段相立、追々正銭融通可致と奉存候、
一、取引相場正銭百文ニ付通銭百六文
両替相場
一、銀壱匁ニ付正銭百四文
一、金弐朱ニ付八百三十弐文
通用相場
一、金弐朱ニ付八百八十文
右之通ニ御座候、尤銭他国出之儀者御停止御座候間、海岸付御村方之儀者別而御厳重御取締可被成
候、右可得御意如此御座候、此廻状刻付を以早々御順達留村ゟ御返し可被成候、以上
（天保十二年）丑六月十九日八ツ半時　　行恒村
庄屋　喜久右衛門
赤波村ゟ仙山村迄(32)

この史料によると、銀一匁＝銭一〇四文とすると、金二朱＝銭八三二文（金一朱＝銀四匁であることが前提）となるが、これでは金二朱＝銭八八〇文という実際の商取引における「通用相場」との齟齬が生じ、金二朱につき八八〇文－八三二文＝四八文の損失が出るので、両替相場と通用相場を区別し、後者すなわち商取引における相場では、正銭一〇〇文を通銭一〇六文と勘定することが取り決められている。つまり、正銭に一〇〇文当たり六文の歩合（プレミアム）を付したのである。なお、金二朱＝八八〇文という通用相場では、金一朱＝銀四匁という金銀相場を前提にすると、銀一匁＝一一〇文となるが、これは両替相場では銀一匁に当たる正銭（調銭）一〇四文に歩合を付した額（一・〇六を乗じた額）で

ある、一一〇・二四文と対応していることが分かる。この銀一匁＝銭一一〇文という銭相場は大坂相場（一〇九・八文）より銭がやや安く、【史料一二】で懸念されているように、領外に銭が流出する可能性があったのである。

さて、ここで問題になるのは、正銭（調銭）と区別された「通銭」、あるいは両替相場とは異なる「通用相場」とは何か、ということである。この点について検討するために、郡中惣代による取り決めで正銭に歩合を付すことにした【史料一三】の内容に対し、大森町の町役人が異議を申し立てたことを受けて出された史料を左に掲げる。

【史料一四】

猶々昼夜ニ不限刻付を以御順達可被成候

以廻状得貴意候、然者郡中正銭不融通ニ付下タ方取引差支候趣達　御聞御代官様厚思召ヲ以郡中身元(宜脱カ)之もの江被仰付、大坂表ゟ正銭買入被為遊、一統融通可仕旨被仰渡候得共、間損等出来兎角融通不仕、尤先般正銭百文ニ付通銭百六文之積を以取引可致旨、郡中惣代評儀之上御役所江御願申上、村々江申触候処、其後正銭歩合相立候而者差支之趣、大森町役人共ゟ申立候趣を以御触替被遊、又々不融通ニ相成、被仰渡之御趣意も不相立ニ付、今般立会評義之上申立候趣者、郡中一同申合之義勝手侭之義申立候もの有之候迚、御触替ニ相成候而者、郡中惣代之所詮も無之ニ付、其段手厚申立候処、早速両　御役所御決評之上御聞済ニ相成候趣ニ付、其段村々江可申達旨郡中惣代江被仰渡、猶又大森町役人共被召出、惣代ゟ申立候始末被仰付候ニ付、取引相場左之通取極申候間、得其意村々庄屋中ゟ小前末々迄不洩様御申達、無差支通用致候様御取計可被成候、若又違背之もの有之候ハヽ、其旨早速　御役所へ御訴可被成候、此廻状末々御順達留村ゟ御返し可被成候、已上

覚

一、両替相場金弐朱ニ付
　　　　正銭八百三十弐文
是者金主方ニおゐて両替仕候節取引相立候
一、正銭百文ニ付　通銭百六文
是者正銭取引仕候節定相場、尤歩合之儀者銀札通用之心得ニ而御取引可被成候、無左候而銀札
取引之積御心得可被成候、
丑十二月五日　　　　　　久利組惣代
末ノ下刻出ス　　　　　　　行恒村庄屋
　　　　　　　　　　　　　　喜久右衛門
　　　　　　　　　　　　磯竹村庄屋
　　　　　　　　　　　　　東左衛門
　　　　　　　　　　　（以下、五名略）(33)

けっきょく、この史料では大森町役人の異議は斥けられ、郡中惣代の決定通りに「銭百文ニ付通銭百六文」という歩合が認められたのであるが、傍線部にあるように、この歩合は銀札が商取引で用いられる際と同様の仕方で設定されていたことが判明する。つまり、何らかの商品を購入する際に、例えば、その時の相場で一〇〇文として通用する浜田札一匁、九二文として通用する安芸札一匁、正銭一〇〇文（=通銭一〇六文）を混ぜて支払ったとすると、その支払い額は一〇〇文+九二文+一〇六文の計二九八文として、銭文勘定（銭建て）に基づいて合算された上で通用することになるわけである（後掲史料二一も参照）。この場合、注意しなければならないのは、事実上、銭札として用いられる他領銀札の銭文額は一文を額面とする正銭の枚数を意味するわけではないということである。すなわち、通銭（通用銭）

は、異なる種類の貨幣を銭建てで揃えて同時に使用する際の価値基準となる銭文単位であったが、その相場は組合村や郡中の協議によって決められるものであった。[34] したがって、大坂から大量の正銭が購入された天保十二年には、正銭一〇〇文も一〇六文の通用銭として用いられることになった結果、正銭も額面通りに「通用」する銭貨ではなくなってしまったのである。[35]

このような通用銭（通銭）は、幕領倉敷代官所管下の村々においても見られることが古賀康士によって明らかにされており、安永六年（一七七七）までには出現していることが確認され、文化四年（一八〇七）からは正銀ではなく銀札と連動して相場が決められていたことが分かっている。ただし、倉敷では、備前銀札一匁を通用銭一匁とし、一匁当たりの銭文額を銀札相場の変動に合わせて設定する変動銭匁勘定であったが、[36] 天保期の銀山料の場合は、基準となる藩札が浜田札と安芸札の二種類あり、銀札一匁当たりの銭文額に開きのある時期もあったためか、銀札一匁＝通用銭一匁という銭匁勘定はなされていないという特徴がある。

尤も、文政元年（一八一八）に大森町の町役人の職務を定めた「定」では、「通用銭相場触出之儀、惣役人評儀之上相極年寄目代連印ニ而御届申上候上、小前江相触候事」とあって、通用銭の相場を町役人が協議して決めていることが分かるとともに、「目代給壱ヶ年分通用銭百三拾目宛ヶ所入用ニ而取立来候事」「下使給料壱ヶ年分、通用銭六拾目之内三拾目者町入用ニいたし、三拾目ハ庄屋給米之内を以相渡来候事」とあるように、町役人の一人である目代や下使の給料の額が「目」（匁）表記の通用銭で記されているので、銭匁勘定が用いられていることが明らかである。[37] したがって、銀山料において、通用銭（通用勘定）がいつから用いられ、銭匁勘定や銭文勘定がどのように行われていたのかについては、今後明らかにすべき課題となろう。

また、通用銭の運用形態について考える際には、銀山料における金貨の使用の問題についても検討しておく必要がある。そもそも、【史料一三】では金の使用時における両替相場と通用相場の齟齬が問題となっており、すでにこの時期に金貨が広く使用されていたことが前提となっている。この点は、【史料二】から分かることの⑤として指摘した通りで、すでに天保二年には金貨の使用が推奨される事態にまで至っていた。また、（時期は明確でないが）年貢等の銀納分も一部金納が認められるようになっていた。こうしたことを歴史的前提に、金銀の相場が大きく変動した幕末には、金貨の銀目への換算値と正銀の価値が齟齬していくという事態も発生した。(38)

【史料一五】

以廻状得御意候、然者近来上方筋正銀相場下落ニ付多分入込、此節別而請引差引候ニ付、郡中惣代とも評義之上、両御役所江御伺申上候処、金銭相場之儀者是迄之通通用、正銀者壱匁ニ付通用銭八拾文替受引致積り、左之通御聞済ニ相成候、

一、金壱両ニ付
　是迄通此銀目六拾弐匁
　此銭七貫弐百文
一、正銀壱匁ニ付
　此通用銭八拾文

右之通御受引可被成候、勿論右正銀受引之義ニ付不実意之取引不致様惣代共ゟ通達可致旨被仰聞候間、村々御心得違無之様実意ニ御受引可被成候、此廻状刻付ヲ以早々御順達於留村御返し可被成候、以上

丑（慶応元年）十月十四日　佐摩組惣代
　　大国村庄屋
　　　平十郎

外五組惣代
〆(39)

【史料一六】

以廻状得御意候、然者先般正銀取引之義御伺之上、惣代共ゟ廻達致置候所、村方ニ寄心得違之向も有之趣を以郡中辻評儀之上左之通相定申候間、無差支様御受引可被成候、尤諸石代正銀上納之義者大森表御遣払無之様相成候得者、是内伺済之通三歩丈正銀上納ニ相成候間、是又御承知可被成候、

一、銀百目
此銭拾貫六百文
此内受引之所
右評義之上、
拾貫六百文之所江正銀百三拾弐匁五分
但、正銀壱匁　八拾文之積

右之通振合ヲ以御受引可被成候、中ニ者此内正銀受引ニ付八拾文ニ相成候而も銀者銀ニ而正銀渡ニ可致抔色々差紛不貞ヶ間敷相聞候趣も有之ニ付、今般評議之上為念右之趣御通達いたし候間、心得違無之様夫々不洩申達可被成候、此廻状早々順達、自留村御返し可被成候、以上

丑十一月十九日(慶応元年)
辰之刻
波積組惣代太田村
庄屋雅太郎(40)
(以下、五組惣代庄屋等の名前は略す)

【史料一五】は慶応元年（一八六五）十月、【史料一六】は同年十一月の組合村惣代庄屋間の廻状である。これによれば、上方（京坂）における銀相場の下落を受けて、正銀の通用銭高を切り下げることになり、具体的には、【史料一六】にあるように、銀一〇〇目＝銭一〇貫六〇〇文、すなわち銀一匁＝一〇六文のところを、正銀一匁＝八〇文にしている。一方、金の方は、【史料一五】にあるように、金一両＝銀六二匁＝銭七貫二〇〇文という換算値が維持されていた。これは、【史料一六】にあるように、年貢銀の上納の際に用いられることになっていた正銀が「三歩丈」（三〇％）に過ぎず、銀の代わりに用いられた金の銀への換算値が必要になったために建てられた相場である。注目すべきは、この相場における銀一匁の銭額が、七二〇〇文÷六二匁＝一一六・一二文となり、正銀一匁＝八〇文という相場と大幅に齟齬している点であろう。

つまり、正銀の相場が切り下げられても、年貢銀納入時に使用される金の銀への換算値は変更されず、また金貨の通用銭換算値も変更されなかったため、金貨の銀目と正銀との間に通用銭換算値の上で相違が生まれていたのである。このように、これらの価値を量る共通の尺度として通用銭は機能していたので、【史料一六】にあるように、年貢銀額一〇〇目（一〇〇匁）をまず通用銭額一〇貫六〇〇文に換算し、そのうえでその分の正銀額一三二匁五分を求めるという計算方法が用いられているわけである。したがって、幕末の銀山料では、民間の取り引きだけでなく、納税など領主とのやりとりにおいても、通用銭を基準とした銭建ての勘定を前提としなければ、貨幣の使用が自由にできない事態となっていたことが判明するのである。

四　幕末における銀貨の低落と金銭の不足

前節で問題にしたように、開国後、幕末になると、天保期の状況とは異なり、銀価格が下落し、銀貨の領内流入とともに、金と銭の不足が銀山料において問題とされるようになる。このため、次に掲げる大森代官所の触書に見られるように、年貢銀の金納が制限されるとともに、領外との取り引きにおける金と銭での受け取りが推奨されるまでになる。

【史料一七】

近来丁銀小玉銀両替差支、小前之もの共及迷惑候之趣、右者銀子多分ニ相成、金銭不足いたし候故与相聞候間、当卯初納御年貢銀者皆銀を以相納、若納員数丈銀子不有合村ニ者金子持参、熊谷三左衛門方ニ而相対之上両替致、銀子ニ引替可相納候、尤右両替いたし候金子者相対之上相場取極候儀ニ付、追而金歩割返無之者勿論ニ候得共、兼而其段をも心得可居候、

但、聊之端銀之分正銭を以三左衛門方江相渡候儀者不苦候、

一、右之通銀子上納ニ受取遣候而も是迄之通他領他国ゟ銀子多分入込候而者際限無之儀ニ付、矢張銀子両替差支不融通之基ニ候条、追而申触候迄者商取其外ニ而他領他国ゟ可受取代料等者都而金銭を以受取候様取計、且銘々所持銀子高取調、来ル十月十日限村限書面を以可申出候、

右之趣小前不洩様申渡、所持銀員数之儀ハ日限無遅滞申立候様可致候、此触書承知之旨村名下江令請印刻付を以早々順達留り村ゟ可返上もの也

大森
御役所

卯(安政二年)九月廿八日

巳上刻
同廿九日辰刻到来[41]

しかしこのような措置を講じても、銭の不足は解消されなかったようで、第三節の【史料一四】で見た銭貨に増歩を付した通用方法が銭貨不足解消を目的として、幕末には一般化していった。

【史料一八】

以廻状得貴意候、然者銅銭之義六拾文ヲ以百文ニ積り通用ニ御座候処、当正月ニ至り風与通用相止り、一同迷惑ニ付、六組惣代相談之上行形御伺申上候所、重立御衆中御召出之上、惣代招合相談之上取極可申旨被仰聞、種々相談之上銅銭八拾文ヲ以百文之受引取極申候、其段御届申上御聞済相成候間、左様御承知小前末々迄御申渡可被成候、尤鉄銭之義者是迄之通可然積り御座候、且銅銭撰立候内少々ニ而も欠損之分ハ相刎候様有之趣御聞ニ達し右等者決而取計致間敷旨是又被仰渡候間、左様御承知被成候、

此廻状御順達留村ゟ御廻し被成候
(安政七年)申正月廿七日　大田組惣代
多根村
庄屋彦四郎[42]
大田組村々

これによると、安政七年（一八六〇）正月以前の段階で、銅銭六〇文を一〇〇文として通用させていたようであるが、この月にそれでは通用が無理になったので、組合村六組惣代の協議に基づき、銅銭八

〇文を一〇〇文とすることを取り決め、代官所の了解を得たうえで村々に知らせていることが分かる。[43]

また、幕末には一枚を一文とする寛永通宝のほかに、一枚一〇〇文の額面の百文銭、真鍮銭、文久銭(文銭)、鉄銭など様々な銭貨が流通するようになっていたが、これらについても額面とは異なる銭文額が取り決められ、通用していた様子が窺える。

【史料一九】

以急廻状得貴意候、然者近頃百文銭相場引下ケ候趣ヲ以通用方混雑いたし候向も有之趣ニ付、今般郡中惣代ゟ大森町熊谷三左衛門殿方へ聞合候処、同方ゟ被申候者、百文相場くるひ有之事ニ候得ハ、大坂御用立大坂屋直次郎ゟ早速可申越候得共、同人方ゟ如何義も不申越上ハ、相場くるひ無之、一体百文銭之義ハ弁利宜敷ニ付上方ニ而も外銭ゟも相場宜敷候間、是迄之通り百拾文ニ通用いたし候而も差支有之間敷候旨被申候、尤百文ニ取引いたし候而ハ自然与余国江持行、御料所内差支候様可相成候間、此段御承知、是迄之通通用いたし候様御取計可被成候、右可得貴意、廻状刻付ヲ以早々御順達留り村ゟ御返し可被成候、以上

九日市組惣代

粕淵村

庄屋　平助

(安政七年)
申三月　都賀村

廿七日　庄屋　為四郎

石原村

庄屋　晃次郎

荻原村始

右村々御庄屋中(44)

たとえば、右の史料のように安政七年には百文銭は一一〇文で通用していたことが分かるが、これも郡中惣代が大森町の掛屋熊谷家を通じ大坂相場を確認したうえで、改めて取り決めていた。このように、時の相場をにらみながら、各種銭貨の価値を領内の村役人らが協議の上決めていたのであるが、こうした措置はかなり煩雑で混乱もあったようである。

【史料二〇】

急廻状ヲ以得貴意候、然而少銭払底ニ付去十二月中請引難出来候故、大森町大田町評義ニおよひ、銅鉄とも取ませ、八拾文ヲ以百文之積通用致度旨両御役所行形申上、御聞済被置、其段旧冬組々郷宿ゟ及廻達、夫々通用致罷在候得共、早春ニ至り村方ニ寄八十文ヲ以百文通用之義ハ相止メ、本之九拾文ヲ以百文之通用致候義ニ而殊の外区々ニ相成、一統請引混雑およひ候ニ付、今般六組惣代并熊谷三左衛門殿立会評義之上、是内之通九拾文ヲ以百文之積通用可致義、両御役所へ相伺候処、御聞済ニ相成候間、左様御承知請引ニ相成候様、村限小前末々迄不洩様急速為御申聞可被成候、此廻状早々御順達留りゟ

(万延二年)酉正月十八日(45)

この史料によると、万延元年(一八六〇)十二月には「少銭」が払底しているという理由で、銅銭・鉄銭とも八〇文＝一〇〇文としたのであるが、これ以前には九〇文＝一〇〇文で通用していたようで、万延二年(一八六一)の春には九〇文＝一〇〇文の相場に戻す村もあったため、けっきょく銀山方・地方両役所に伺ったうえで九〇文＝一〇〇文にしている。【史料一八】に即してすでに述べたように、安政

七年（一八六〇）正月には、八〇文＝一〇〇文としていたのであるから、【史料二〇】の記載内容からすれば、同年半ばには九〇文＝一〇〇文の相場になっていたのであろう。したがって、一年余りの短い間に、六〇文＝一〇〇文↓八〇文＝一〇〇文↓九〇文＝一〇〇文↓八〇文＝一〇〇文↓九〇文＝一〇〇文と相場がめまぐるしく変動していたことが分かり、混乱ぶりがうかがえる。

【史料二一】

「（付箋）預り書可取返事」

（全体抹消）

覚

一、銭四貫六百弐拾文　此百文銭四拾弐枚
一、銭壱貫四百五拾文　此雲札拾匁也
一、銭壱貫文　此広瀬札拾匁也
一、銀四拾三匁　此銭四貫五百五拾八文
〆（印）銭拾壱貫六百拾八文
右之通慥ニ預り申候、御入用之節者何時ニ而も相渡可申候、為念一札仍而如件

元治元子年　丑六月十九日入済
五月十日　田儀屋旦二印
観世音寺様

「（朱書）是ハ銭入用次第小請取書ニ引替可相渡事、尤皆式渡済之上者当方預り書取戻可申事」(46)

さて、右の史料は、元治元年（一八六四）に大森町の熊谷旦二が同町の観世音寺から貨幣を預けられ

た時の記録である。預かった貨幣の内訳は、百文銭四二枚、松江藩札一〇匁、広瀬藩札一〇匁、銀四三匁であったが、金額は通用銭の額で総計されていることが分かる。これによると、百文銭は一枚一一〇文、松江藩札は一匁＝一四五文、広瀬藩札は一匁＝一〇〇文、銀は一匁＝一〇六文という換算値となっている。正銀、複数藩札で額面一匁の銭文額が異なるとともに、百文銭も一一〇文という相場で引き続き通用していることが分かる。このように幕末の相場変動が甚だしい中でも多様な貨幣が民間の取り引きにおいて混用され、年貢銀の銀立てでの上納の建て前がのこる中でも、混乱せず貨幣勘定ができた背景には、通用銭による銭建ての勘定が広く受け入れられていたからであることは明らかであろう。

おわりに

最後に本稿で明らかにしてきたことを簡単にまとめておきたい。

石見国銀山料では、十九世紀初め頃、それ以前における領域をこえた商取引の展開、経済圏の形成を前提にして、浜田藩や広島藩など他領の銀札が流入し流通するようになった。このことは、十九世紀前半に幕府が行った少額金銀貨の増鋳とそれらの西日本における流通といった事態と相俟って、商取引における銭需要の相対的低下を招いたと考えられる。折しも化政期には、銀山料において廻船による買い積み経営の発展に伴い小規模廻船数の増加が見られたため、ほんらい遠隔地への輸送には適さない銭の大量輸送も行われやすくなるという条件にあった。このため、需要が減じ金銀との比価が低下していた銀山料の銭が、利ざや獲得を目当てに領外に移出されるようになる。

また、他領銀札や金貨の流通の進展は、銀山料内において様々な種類の貨幣が少額取り引きでも使用されるという事態を招いていた。こうした金・銀・銭・他領銀札が支払い手段として混用されるという事態に対応するために、一般化していったのが通用銭による勘定であった。すなわち、異なる種類からなる貨幣の総量を集計するに当たり、銭の単位を基準とする計算方法（銭遣い）であるが、西日本でよく見られた銭匁勘定は十九世紀にはあまり用いられず、銭文勘定が一般的であった点に銀山料の特徴が見いだせる。

ところで、石見国銀山料は山がちの地形で穀物の生産能力は低い地域であったが、銑鉄など国産品の販売により領外からの貨幣収入を確保し、これにより領外から米穀を購入して領内の食料需要を満たすようになり、十九世紀前半には海岸部を中心に人口の増加も見られた。しかし、天保年間に続いた凶作は、米価の高騰、銑鉄等の領外販売不振をもたらし、領外から穀物を購入するための貨幣が不足するという危機を招いていた。

こうした危機を打開するために試みられたのが、銭の領外持ち出しの制限や禁止、さらに他領銀札の使用を抑制するという措置であった。近隣地域以外への支払い手段として使用できない藩札の量を減じ、幕府正貨を確保することにより、価格の高騰した米穀の調達と領内における米価の抑制を図ろうとしたわけである。しかし、他領銀札の通用は天保飢饉後も止むことは無く、正銭の領外流出傾向も続いていくことになった。このため、銀山内で用いられる銭（銀山入用銭）を確保するという大森代官所の意向もあって、天保末年には上方から正銭を大量に購入するという措置も執られることになったのである。

また、開国後になると、金銀比価の変動に伴い安くなった銀貨が領内に多く流入するという新たな事態に直面するとともに、銭の「不足」が以前と比べても甚だしくなった。このため、銀山料の村々は金銀貨だけでなく、様々な種類の銭の通用相場（銭貨の額面とは異なる通用銭としての価値）を経済変動に応じて調整し、貨幣流通の円滑化を図らねばならなかったのである。

以上が十九世紀初めから幕末にかけての時期における銀山料の経済状況と貨幣流通の関係のまとめであるが、特に貨幣流通の円滑化という側面に注目した場合に重要であると考えられるのは、大森町役人の主導性と組合村及び郡中という組織の役割であろう。なぜなら、異なる種類の貨幣の通用銭としての相場を取り決めていたのが彼らであったからである。通用相場の設定主体が組合村であったのは、組合村入用の勘定に必要であったからであろうが、それだけでなく、銀山料内でも異なる貨幣の流通実態と、目まぐるしく変動する経済状況に対応して、組合村惣代や郡中惣代が大森町役人や大森代官所とも交渉しながら、相場を取り決めていたことが、本稿で取り上げた様々な事例からは明らかになった。こうした事例は、固定銭匁勘定が長期にわたって用いられた藩領などとは異なり、領主による銀札発行のない幕領における銭遣いの実態をつかむ上で貴重なものであると考えられる。今後は、他の幕領との比較とともに、銀山料に即しても、銭遣いの開始時期や銀山入用銭の問題等、さらに検討を深めていくべきであろう。

【注】

(1) 藤本隆士『近世匁銭の研究』(吉川弘文館、二〇一四年)、岩橋勝「徳川後期の「銭遣い」について」(『三田学会雑誌』七三・三、一九八〇年)などの岩橋の一連の研究を参照。

(2) 前掲注(1)の藤本は匁銭、岩橋は銭匁勘定と称しているが、本稿では岩橋の呼称に従う。なお、銭匁勘定には一匁当たりの銭量が長期にわたって固定化する固定銭匁勘定と、同じく一匁当たりの銭量が銀銭相場に連動する変動銭匁勘定があった。後者が用いられた地域としては、播磨国などが知られている(岩橋勝「播州における銭匁遣い」『松山商科大学創立六十周年記念論文集』、一九八四年)。

(3) 高額銭文勘定が行われていた地域としては、九州南部の薩摩や日向、出雲、東北地方の羽後などが知られている。岩橋勝「近世銭匁遣い成立の要因—津軽地方を事例として—」(『松山大学論集』二二・四、二〇一〇年)、同「出雲松江藩の銭遣い」(『松山大学論集』二四・四—二、二〇一二年)などを参照。

(4) 注(1)藤本前掲書第三章「近世西南地域における銀銭勘定」、岩橋勝「近世後期金融取引の基準貨幣—豊後日田千原家史料を中心として—」(『松山大学論集』十一・一、一九九九年)を参照。

(5) 古賀康士「備中地域における銭流通」(『岡山地方史研究』九九、二〇〇二年)を参照。七五勘定とは七五文を一匁とする固定銭匁勘定、通用勘定とは一匁当たりの銭量が銀（銀札）銭相場に連動して定まる変動銭匁勘定であり、倉敷周辺では両者が併存していたことが、古賀論文では明らかにされている。

(6) 安国良一「一八・一九世紀の通貨事情と別子銅山の経理」（『住友史料館報』三二、二〇〇一年）、同「地域からみた近世中後期の通貨事情（二）」（同『日本近世貨幣史の研究』思文閣出版、二〇一六年）などを参照。安国によれば、同地では西条藩など複数藩の銭匁札が用いられたが、別子銅山内では山師が各銭匁札の公定価を独自に決めていたとされる。また、同じ藩内でも複数存在した銭匁どうしの勘定では銭文に戻して計算されていたことについては浦長瀬隆「江戸時代における銭匁同士の換算」（『国民経済雑誌』二〇五・二、二〇一二年）を参照。

(7) 岩橋勝「近世銭貨流通の実態―防長における銭匁遣いを中心として―」（『大阪大学経済学』三五・四、一九八六年）を参照。

(8) 前掲注（3）岩橋論文を参照。

(9) 隣接する安芸国・備後国では銀遣いが基本であったことについては、浦長瀬隆「近世安芸国・備後国における貨幣流通」（『国民経済雑誌』一九〇・三、二〇〇四年）で明らかにされている。

(10) 郡中議定で銭貨流通の問題や飢饉対策が取り扱われる事例については、梅津保一「羽州村山郡における「郡中議定」について（上）」（『山形近代史研究』一、一九六七年）を参照。

(11) 安濃郡波根東村・仙山村「天保六年未十月ヨリ酉十一月迄　御用留」（大田市蔵旧町村役場文書）。

(12) このように飢饉にいたる経緯として、文政八年の凶作に触れるのは、東北地方の場合でも同様であったことが、宮崎裕希「羽州村山郡における天保飢饉の再検討―羽州村山郡山口村を題材に―」（『専修史学』三四、二〇〇三年）で指摘されている。

(13) 「文政十三年庚寅十二月　御用留　三番　大浦湊年寄兼長　広右衛門」（島根大学附属図書館蔵林家文書三一九）。

(14) 大森代官所とは、近世の用法では幕府大森代官管下の領地を指すが、本稿では代官の詰める役所の意で用いる。

(15) 前掲注（13）「文政十三年庚寅十二月　御用留　三番　大浦湊年寄兼長　広右衛門」。

(16) 銀山料では十九世紀初めから買い積み廻船の活動が盛んとなる。中安恵一「近世後期の小型廻船」（『社会経済史学』八一・二、二〇一五年）を参照。

(17)「天保七丙申十一月日　八番御用留　大浦湊年寄」(島根大学附属図書館蔵林家文書三二四)。
(18)すでに元文期に銀山が「銭通用第一」の場であったことについては、仲野義文「自分山の破綻と鉱山経営の変容」(同『銀山社会の解明』第五章、清文堂、二〇〇九年)を参照。鉱山内が銭遣いであったのは別子銅山も同様であったことについては、前掲注(6)安国論文を参照。
(19)「天保十四年卯正月　御廻状留　庄屋亀太郎」(島根大学附属図書館蔵坂根家文書四一四)。
(20)岩橋勝「再び徳川後期の「銭遣い」について」(『三田学会雑誌』七四・三、一九八一年)を参照。
(21)「大森町組頭　用留」(石見銀山資料館蔵)。
(22)前掲注(13)「文政十三年庚寅十二月　御用留　三番　大浦湊年寄兼長　広右衛門」。
(23)「天保三年壬辰十月日　五番御用留　大浦湊年寄広右衛門」(島根大学附属図書館蔵林家文書三二一)。
(24)「天保四年巳九月　御廻状留覚帳」(島根大学附属図書館蔵坂根家文書四一二)。
(25)「天保六乙未三月日　七番御用留　大浦湊年寄」(島根大学附属図書館蔵林家文書三二三)。
(26)「辛卯天保弐歳正月吉日　大炭売帳　浜原村西田屋」(江津市桜江町中村家文書あ15)。
(27)「天保三年辰閏十一月　長田鑪・桜谷鑪・長良鑪大炭引合扣　浜原村西田屋」(江津市桜江町中村家文書お63)。
(28)「天保十年己亥　拾番御用留　大浦湊地浦年寄広右衛門」(島根大学附属図書館蔵林家文書三二六)。
(29)同前。
(30)同前。
(31)新保博『近世の物価と経済発展　前工業化社会への数量的接近』(東洋経済新報社、一九七八年)一七二～一七三頁掲載の表による。一八三九年の大坂における銭相場は、銭一貫文＝銀八・八七匁となっている。この原史料は三井文庫蔵の「大阪金銀米銭并為替日々相場表」である。
(32)前掲注(28)「天保十年己亥　拾番御用留　大浦湊地浦年寄広右衛門」
(33)同前。
(34)藤本隆士は注(1)前掲書で銭匁勘定を「領国計算貨幣」としているが、銀山料の通用銭の場合も同様の性格を有していたと言える。
(35)前掲注(7)岩橋勝「近世銭貨流通の実態―防長における銭匁遣いを中心として―」では、異なる種類の銭貨の間で打歩（プレミアム）がつけられることはなく、幕末においても額面通りに銭貨は流通していたとするが、銀山料の実態が異なることは以下述べる通りである。
(36) 以上、備中地域の事例に関しては、前掲注（5）古賀論文を参照。
(37) 拙稿「石見銀山料大森町における町役人の職務と文書管理」（『島根史学会会報』四六号、二〇〇八年）。
(38) こうした銀目の空位化現象については、岩橋勝「近世三貨制度の成立と崩壊―銀目空位化への道―」（『松山大学論集』一一・四、一九九九年）、加藤慶一郎・鎮目雅人「幕末維新期の商品流通と貨幣の使用実態について―東讃岐地方の事例から―」（『社会経済史学』七九・四、二〇一四年）等を参照。
(39) 「慶応二年寅正月　御用状留」（島根大学附属図書館蔵坂根家文書四二〇）。
(40) 同前。
(41) 久手［刺鹿］「嘉永七寅年　御用留　刺賀村庄屋朝十郎」（大田市蔵旧町村役場文書）。
(42) 「安政六未年六月　御用留　中村為二郎」（国文学研究資料館蔵中村家文書三八X六・四）。
(43) 慶応元年閏五月晦日付の幕令（『幕末御触書集成　第四巻』四二〇七、岩波書店、一九九三年）で真鍮銭、文久銭、銅小銭各一枚の銭文数が示されているように、幕末には歩増通用が全国的に一般化している。藤本隆士は幕領日田郡代の達しを引いてこの点を指摘しているが、全国令に対応しての達しであることを認識していないかのようである（「「金銀札銭記録」に見える銭貨」、前掲注（1）藤本著書第二章を参照）。
(44) 「安政七年申正月　御状御用留」（島根大学附属図書館蔵坂根家文書四一六）。
(45) 久手［刺鹿］「万延元年　御用留　庄屋所」（大田市蔵旧町村役場文書）。
(46) 「文久四子年正月ゟ元治元年三月改元　諸請引用留　熊谷旦二」（熊谷健氏蔵文書二一・二八一、石見銀山世界遺産センター保管）。

石見国銀山附幕領沿岸部の諸家における経営動向についての試論

鳥谷智文

はじめに

石見国銀山附幕領（以下、銀山料と略す）の沿岸部には、廻船業を営む家々があった。例えば銀山料久手浦竹下家、郷田村藤田家等があげられる。[1]

このような家は、廻船業を中心的業務としていたが、それだけで家を存続させていたのであろうか。仲野義文は、十九世紀以降、廻船業者がたたら製鉄業に投資していることを指摘しているが、[2]廻船業を生業とする家は何らかの別業と関わりをもって経営していると考えられる。

本稿では、廻船業とたたら製鉄業などの別種の業種が具体的にどのように関わっていくのか、諸家の事例を指摘することにより、銀山料沿岸部の諸家における経営戦略の動向について、試論を述べたい。

一　石田家経営の百済鈩と竹下家

竹下家文書[3]の中には、銀山料海浜部の鳥井村にあった百済鈩について、「明治十六年拾月三十一日製鉱処見分ニ付上伸扣」とよばれる史料がある。[4]その冒頭には

【史料一】

石見国安濃郡鳥井村字百済製鉱所
全国全郡仝村
営業人石田廣太郎

一製鉱所開業年暦
文化九午年（申カ）年ヨリ明治十六未年迠連綿営業今日ニ至ル

とある。【史料一】によると、百済鈩の営業人は明治十六年（一八八三）段階で、安濃郡鳥井村在住の石田廣太郎であった。石田家は、文化九年（一八一二）から継続して経営していることがわかる。[5]

本史料群には第1図のように、百済鈩の山内を示す絵地図も残されている。第1図によると、百済鈩の山内は、高殿一カ所、鉄池一カ所、鉄砂洗場二カ所、勘定場二カ所、鉄蔵一カ所、炭木屋二カ所、木屋一カ所、土蔵二カ所、職人居宅が三カ所となっている。絵地図を見るかぎり割鉄を生産する大鍛治場はなかったと考えられる。ちなみに、百済鈩での召抱人数は二一八人で、その内訳は、「使役人員」すなわち労働者は六五人、「使役セサル人員」すなわち労働者の家族などは一五三人であった。[6]

百済鈩の生産物は、第1表にみえるように、明治八年から明治十六年まで、そのほとんどが銑であり、鉧は僅かに生産しているが、鋼は全く生産していない。いわゆる銑中心のたたら製鉄業経営であった。[7]

百済鈩の生産額、価格の変遷については、第2表に示した。生産額は、明治八年から同十四年まで、明治十二年の落ち込みはあるものの順調に伸びており、明治十四年には最高の五九六九円余りを記録している。価格についても同様に明治八年に一駄三円だったものが、明治十四年には五円六〇銭まで値上がりしている。しかし、その後は、生産額、価格とも下落し、明治十六年には、生産額が二〇〇〇円を

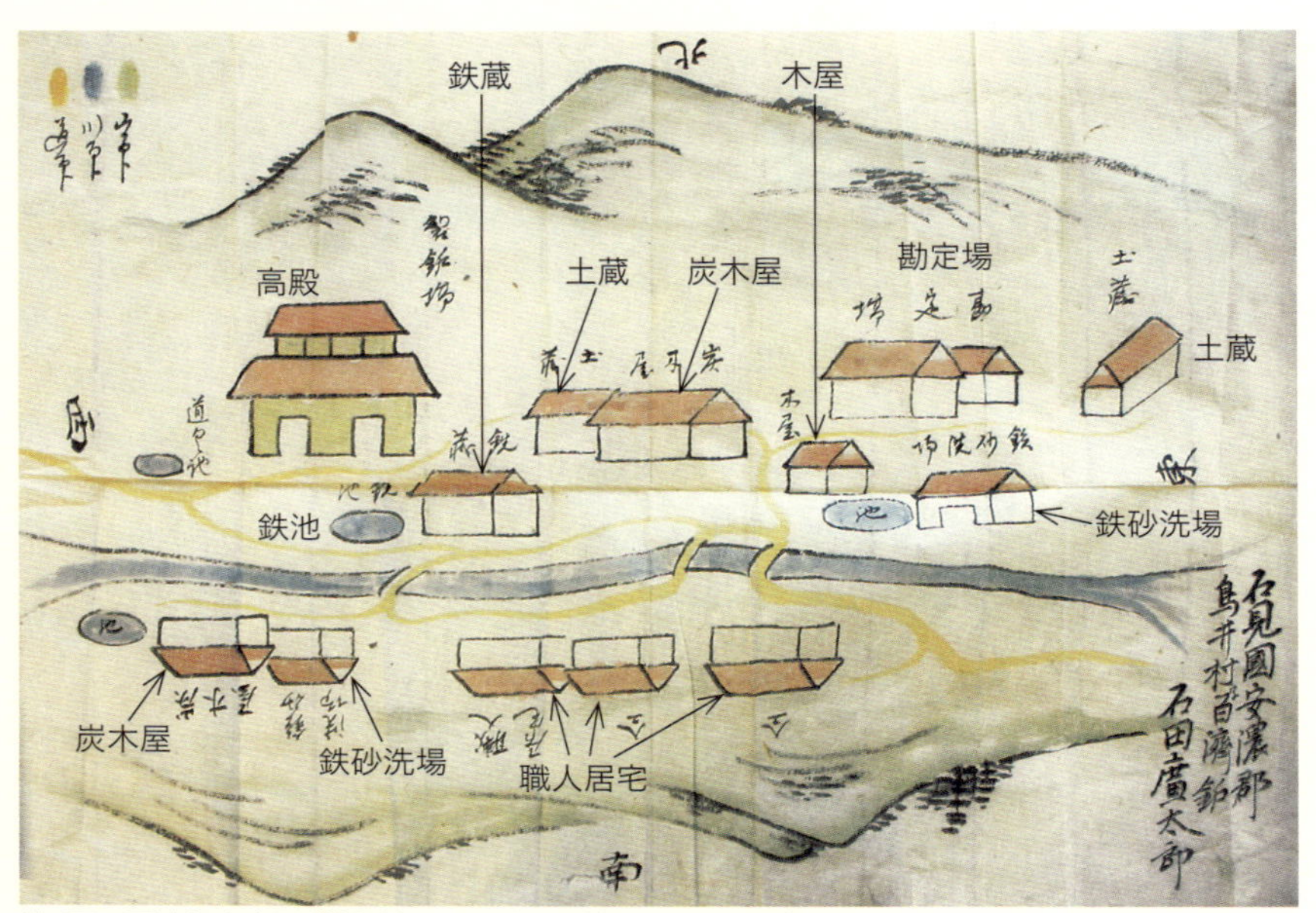

第1図　百済鈩山内図（「製鉱処見分ニ付上伸扣」竹下家文書、群24-43-3、大田市教育委員会寄託）

第１表　百済鈩生産量の推移（貫目）

種類	明治8年（1875）	明治9年（1876）	明治10年（1877）	明治11年（1878）	明治12年（1879）	明治13年（1880）	明治14年（1881）	明治15年（1882）	明治16年（1883）1月～6月
銑	26570	41940	46560	40070	28450	28840	31690	26490	16290
鉧	270	520	360	460	220	320	310	320	290
鋼	0	0	0	0	0	0	0	0	0
合計	26840	42460	46920	40530	28670	29160	32000	26810	16580

出典：「製鉱処見分ニ付上伸扣」（竹下家文書、群24-43-3、大田市教育委員会寄託）

第２表　百済鈩の生産額と価格

年	生産額（円.銭）	1駄に付（円.銭）	年	生産額（円.銭）	1駄に付（円.銭）
明治８年（1875）	2682.00	3.00	明治15年（1882）	3572.00	4.00
明治９年（1876）	3396.00	2.40	明治16年（1883）	1992.00	2.40
明治10年（1877）	4066.40	2.60	明治17年（1884）	1262.10	2.10
明治11年（1878）	4593.40	3.40	明治18年（1885）	682.50	1.95
明治12年（1879）	3629.00	3.80	明治19年（1886）	711.00	1.50
明治13年（1880）	5054.40	5.20	明治20年（1887）	1383.80	2.20
明治14年（1881）	5969.60	5.60	明治21年（1888）	2268.00	2.80

出典：「製煉行業休業届等」（竹下家文書、群24-43-2、大田市教育委員会寄託）

下回り、一九九二円となり、価格も二円四〇銭となっている。明治十八年には生産額は六八二円五〇銭まで下落し、価格も一円九五銭と安値となっている。翌年の価格は、一円五〇円と最安値を記録している。いわゆる松方デフレ政策の影響を確実に受けているといえる。[8] その後、明治二十年には生産額が一三八三円八〇銭、価格が一駄につき二円二〇銭と回復の傾向にあるが、明治十三～十四年のような高額とはなっていない。

このように、百済鈩では、特に明治十年代後半から経営不振に陥り、明治二十年に入り持ち直すことが想像できるが、第3表で示すように、明治二十年以降は経営が順調というわけでは決してなかった。明治二十二年十二月二日夜七時には、百済鈩で出火し、吹屋が焼失している。その後、同二十三年、二十四年、二十五年と、後半期は休業している。明治二十八年には一年間休業している。同年十月には、百済鈩の大小屋を解体して持ち帰り、灘屋敷の蔵を建てる建築部材にあてている。同三十年には、百済鈩の大炭小屋で出火している。

このように、百済鈩は、明治二十年代、衰退の一途を辿ったと考えられる。

以上、百済鈩の経営の盛衰について述べたが、百済鈩の

第３表　明治20年以降の百済鈩

年	月日	内容	文書名	文書番号
明治22年(1889)	12月2日	百済鈩で夜7時頃出火し、吹屋が焼失した。	百済鈩吹屋火害ニ係リ焼失ニ付普請諸費	群24-23
明治23年(1890)		後半期、休業。	御届	群24-43-2
明治24年(1891)		後半期、休業。	御届	群24-43-2
明治25年(1892)		後半期、休業。	御届	群24-43-2
明治28年(1895)		休業。	製煉行業休業届	群24-43-2
明治28年(1895)	10月	百済鈩の大小屋を解体して持ち帰り、灘屋敷の蔵建築部材にあてる。	百済鑪大小屋解持帰灘屋敷江蔵建築普請帳	群24-44
明治30年(1897)	2月27日	百済鈩の大炭小屋出火。	百済鈩大炭小屋出火手伝	群24-22

出典：竹下家文書（大田市教育委員会寄託）

経営者石田家は、特徴的な縁戚関係を保持していた。

山岡栄市によると、百済鉧を経営している石田家は、久手浦の竹下家と重縁関係にあるとされる。[9] すなわち両家にして一家、兄弟分の関係とあり、明治初年の頃から鉧経営、山林購入、田畑管理等すべて事実上提携していく関係とされる。

竹下家は、廻船業を主軸として栄えた家である。米を中心に、塩、鉄、半紙、木綿など多種にわたって取引をしていた。[10] 竹下家による百済鉧生産鉄の購入は、第4表のように、文化六年の段階で竹屋（竹下）小兵衛により七月、九月、十二月と月に一〇〇～一五〇駄での購入がみえるが、前述したとおり文化九年からは石田家の経営となっており、石田家と竹下家との強い縁戚関係を持続し続けていることに注目すると、両家で一つの経営共同体とみることができるのではないだろうか。廻船業者竹下家側からみれば、商品として重要な銑を簡単に手に入れることができるようになるという利点がある。廻船業者にとってたたら製鉄業を手中におさめることは重要な経営展開であったのではないかと推測される。

第４表　文化6年（1809）の竹屋（竹下）小兵衛による百済鉧生産銑購入

月日	銑量	代銀
7月 8日	銑100駄	3貫500匁
9月18日	銑150束	不明
9月19日	銑150束	不明
12月	銑100駄	3貫250匁

出典：「銑鉄帳」（竹下家文書、群24-19、大田市教育委員会寄託）

二　竹下家の金融によるたたら製鉄業経営

竹下家が、たたら製鉄業で生産された製品鉄を手に入れる場合、たたら製鉄業経営者への貸付がある。

【史料二】

「（包紙上書）慶応元丑五月貸附　浜田領鍋石村
三百両　　　　　　　　　　　　伊予屋
六ヶ年賦　借用証文一　　　　　　兵八」

借用申年賦之事
一金三百両也　但シ、利足之儀者年中七朱ニメ当丑年ゟ午迄六ヶ年賦返済申儀定也
此返済方
金六拾四両　　当丑十一月廿日限り
同六拾七両弐歩　寅十一月廿日限り
同六拾四両　　卯十一月廿日限り
同六拾両弐歩　辰十一月廿日限り
同五拾七両　　巳十一月廿日限り
同五拾三両弐歩　午十一月廿日限り
元利〆三百六拾六両弐歩也
右者私於津和野御領宇津川村鈩・鍛冶屋稼方仕候所、御上納并ニ仕入方差支申候ニ付、貴殿江御願申入前書之正金三百両慥ニ借受御上納相済シ仕入方仕候所実正明白ニ御座候、御返済之儀者格別之御実意ヲ以下利足済崩シニ御聞済被下千万難有奉存候、然ル上者前書賦金之通年々期月無間違急度返済可申候、万一本人差滞候歟、又者不埒差構候共兼而右鈩・鍛冶屋・山林等一切請人方江質物受込置、慥成儀ニ御座候上者、質物請人方へ取上ヶ貴殿江者正金を以急度弁済可申候、譬如何様之差滞出来候共、受人者勿論証人共情々心配仕、急度場明ヶ貴殿江者毛頭御厄介掛ヶ申間敷候、為後念之本人・請人・証人加判を以借用年賦証文一札相渡申所、依而如件
元治二年　　借用本人

乙丑五月　　浜田領鍋石村伊与屋
　　　　　　　　　　兵八（印）
　　　請人
　　　　津和野領宇津川村
　　　　　大取(カ)鈩所
　　　　　　　　亀助（印）
　　　証人
　　　　浜田領長浜冨田屋
　　　　　　　　孫三郎（印）
　　　同断
　　　　津和野領宇津川村
　　　　　　領家　順三郎（印）
石州久手浦
　竹下亀助殿[11]

【史料二】では、元治二（慶応元）年（一八六五）五月、津和野藩領宇津川村鈩・鍛冶屋を経営する浜田藩領鍋石村伊与屋兵八が、「御上納并ニ仕入方差支」により、石州久手浦竹下亀助に金三〇〇両を借り受けていることがわかる。

次に同月に伊与屋兵八から竹下亀助に出された書状には、

【史料三】

（包紙上書）
「慶応元丑五月日
菊一鉄敷買年中四百駄位四季四度仕切申事
口上書一　浜田領鍋石村
伊予屋
兵八」

相渡申口上書之事
一此度別紙証文之通下利足借用仕、御恩難忘奉存候、依而中谷鍛冶屋ニ而出来鉄年中凡四百駄位四季ニ相場ヲ以テ御仕切被下度、勿論外相場より下直ニ者仕候共、決而高直存申立外売者致間敷候、幾々実意ニ取計可申候、依而口上書相渡置候所如件
元治二乙年
丑五月
浜田領鍋石村
伊予屋
兵八（印）
冨田屋
孫三郎（印）
久手浦
竹下亀助様(12)

とあり、伊与屋兵八が経営する中谷鍛冶屋で生産された割鉄「菊一」約四〇〇駄を四季にその相場で購

入することになっている。竹下亀助は、割鉄の確保をしようとしているのである。
このように、竹下家では、金融、いわゆる貸付による鉄の確保についても行っていると指摘できる。

三　波根西村竹野屋の経営

幕末において、竹野屋健之助という人物が竹下家文書の中にみることができる。(13)
竹野屋健之助について、次の史料がある。

【史料四】

当辰壱ヶ年季相渡申田地証文之事
刺賀村之内字井手ノ下タ
一田高九斗五升四合
但、境東竹下亀助田境
西道限り
南井手限り
北和田屋定次郎殿田境
此質地代金百八両永五拾六匁五分三厘
右者御上納差支申候ニ付、貴殿江御願申入前書之田高当辰壱ヶ年季相渡質地代金慥ニ請取御上納相済申所実正紛無御座候、然ル上者当辰御役目村入用等貴殿ゟ御勤御勝手次第御作配可被成候、尤当辰暮迠ニ右本金無滞相調候ハヽ、右地所無相違御戻し可被下候、年季過候得者流地ニ相成受返し不相成候間、不及別紙証文、即此証文ヲ以永々貴殿御抱所ニ被成御自由御才判可被成候、其節我等儀者不及申ニ子孫・親類ニ至迠一言異儀申もの無御座候、為後念之親類・証人加判仕、村役人衆中奥印申請質地証文一札相渡申処、仍而如件

慶応四年

辰五月日

本人

竹野屋

健之助（印）

親類

竹下亀助（印）

同断鳥井村

石田屋

庄右衛門（印）

証人

長屋

元右衛門（印）

三城屋

恒三郎殿(14)

【史料四】の差出人に注目すると、「本人竹野屋健之助、親類竹下亀助」とあり、竹野屋健之助は、久手浦竹下家と縁戚関係にあることがわかる。この史料は、竹野屋健之助が刺賀村の田を質地として、三

城屋恒三郎から一〇八両余りを借りているものだが、竹野屋の拝借金は、これに留まらない。

【史料五】

来酉ゟ来ル午迄十ヶ年賦借用金子証文之事

一金三百六拾両也

此返済方無利足ニ〆来酉ゟ来ル巳迄九ヶ年之間壱年ニ金子弐拾四両ツ、毎年六月廿日限り相調合

金弐百拾六両、残金百四拾四両十ヶ年目午六月廿日限り相調可致返済義定也

右者御上納并ニ諸払方差支申候ニ付、貴殿江御願申入書面之金子三百六拾両御貸被下慥ニ借用申所

実正明白ニ御座候、返済之儀者格別之訳合を以無利足年賦済崩ニ御聞済被下置仕合ニ奉存候、然上

者前書割合之通り期月日限無遅滞返済可仕候、万一本人差滞候節者、兼而請相人方江質物丈夫ニ請

込置候上者、不抱本人ニ請相人ゟ速ニ急度可致返済候、為後念之請相人加判を以金子借用年賦証文

一札相渡申所如件

万延元年

申六月

本人

竹野屋

虎太郎

請相人

竹下亀助

和田屋

豊七郎殿(15)

【史料五】にみえるように、万延元年（一八六〇）六月段階で、竹野屋虎太郎が請相人を竹下亀助として、和田屋豊七郎から一〇カ年賦で金三六〇両を借用している。[16]

第5表によると、慶応期の竹野屋は、慶応三年（一八六七）六月には、「御上納并ニ要用払方差支」[17]となり矢代・五反田・大ふけなどの田一一石八斗八升二合、畑八斗二升五合を質入して五〇〇両の借り入れを行っている。翌年五月には刺賀村黒田の田五斗を質入れし、一一四両余りを借り入れ、また、同月には、【史料四】でも示したように、同村井手ノ下タの田を質入し、一〇八両余りを借り入れている。

このように、莫大な借金を抱えた竹野屋は、

【史料六】

（包紙上書）

「一札」

相渡申一札之事

波根西村竹野屋健之助借財出来、今般本人始親類中ゟ拙者江立入世話被相頼候ニ付、健之助所持之田畑其外有物一式取調諸銀主済方相談中差向キ候、御上納有之田畑売払金子調達被致候様親類中江申談候ニ付、其御村方ニて健之助所持之田畑之内此度他江質入証文御奥判之義御願申出候処、健之助身元不相応大借之義ニ付、容易ニ御調印難被成

第5表 竹野屋健之助の借用金

年	月日	借用者	金額	質入地	借用先	文書名	文書番号
慶応3年(1867)	6月	健之助	金500両	矢代・五反田・大ふけ等、田高11石8斗8升2合、畑高8斗2升5合	神谷吉右衛門	借用金田畑質入証文之事、小目録	群11-218、群11-219
慶応4年(1868)	5月	健之助	金114両 永59匁5分6厘	刺賀村黒田、田高5斗	前屋周平	当辰壱ヶ年季相渡申田地証文之事	群11-267-1
慶応4年(1868)	5月	健之助	金108両 永56匁5分3厘	刺賀村井手ノ下タ、田高9斗5升4合	三城屋恒三郎	当辰壱ヶ年季相渡申田地証文之事	群11-267-2

出典：竹下家文書（大田市教育委員会寄託）

次第ニ御座候得者、御上納金調達之義格別之御考ヲ以証人御奥印御済被下候段相違無御座候、然ル上者右御印形之義ニ付、外々ゟ御厄介之儀申出候者、拙者ゟ右之趣ヲ以申披候様可仕候、依之一札相渡申処如件

慶応四辰年五月

竹野屋健之助

家事向仕法

立入人

田村屋

忠助（印）

刺賀村

御役人中[18]

とあるように、「家事向仕法立入人田村屋忠助」により竹野屋の借財処理が進められることとなった。[19]「三月十一日親類立会相談之所頭書おぼへ」[20]によると、「竹野屋跡相続方之義者追々親類中評義之事」とあり、竹野屋の相続について親類で評議され、「健之助退役之義ハ忠助殿ゟ早々取計之事」とあり、健之助の退役については田村屋忠助により取り計らうことなどが記載されている。ところで、竹野屋は、次の史料で明治元年（一八六八）までたたら経営に携わっていたと考えられる。

【史料七】

（包紙上書）

「保関鈩質入証文　竹のや

健之助入」

質入申証文事
九日市組酒谷村之内
字ハ保関名打付
一鈩株共　壱ヶ所
　但、敷地之儀ハ同村蔵本耕三郎殿持分、添山共故屋敷幸太郎殿持分同断、掛り受罷在候俣今般
　　貴殿掛り受被成候ニ付、別紙掛り受儀定書之通壱ヶ年掛り銀三百目耕三郎殿、百五拾匁幸
　　太郎殿、〆四百五拾匁宛相渡可申候、然上ハ是迠仕来ル之通無差支御才判可被成候
此御運上銀判銀九拾六匁
　此丁銀百弐拾弐匁八分八厘
鉄砂・炭請役判銀五拾弐匁三分四厘
　此丁銀六拾七匁
〆
字同所
一下タ物鍛治屋　壱ヶ所
　諸道具一式とも別紙横帖之通り
字保関山
一御林山　壱ヶ所
　但、鈩付御林ニ御座候所、水之御支配可被成候、尤安政六未ゟ戌迠拾五ヶ年季御運上受罷在候
　　間、年季明之節受餅可被成候、御上表町数百九十弐町三反歩
　此御運上銀判銀五拾匁三分九厘

　　此丁銀六拾四匁五分
　　吉舎炭六駄　但、年々御上納可被成候、尤壱駄ニ付銀六匁宛御下ヶ渡ニ相成申候
酒谷村之内泉山
一同　壱ヶ所
　　但、前同断、御上表百三拾町余
　　此御運上銀判銀八拾九匁八分四厘
　　　此丁銀百五拾五匁
　　　吉舎炭九駄　但、前同断
一山内諸建物無残鈩押道具一式
　　勘場内遣道具一式
　　　但、別紙横目録之通り
一山毛上七ヶ所
　　但、毛上計り買入置之分夫々年季并ニ境書焼炭凡積等別紙横帳之通り
一鉄砂四千百駄
　　但、別紙横帖之通り棚着并場所有之分共
〆
　　七ヶ名
　此本物金
　但、鈩稅方(ママ)ニ付釜土出并水引方稅方(ママ)通路荷物運送共是迠之通差支無御座候段、御村方へ御届申
　　　上置候
右者酒谷村字保関場所出職罷在候処、御上納并ニ諸払方及差支候ニ付、前書七ヶ名鈩株式并ニ下タ

物鍛治屋・山内諸建物不残・押道具・勘場遣道具・御林山弐ヶ所・買入山七ヶ所・買入鉄砂四千百駄、別紙横帖面ニ細々相認之通今般貴殿江本物質入申度御頼申入候得者、御承知被成下置奉存候、御渡被下此証文ニ引替慥ニ受取申処実正也、即御役所表貴殿御両人江名前切替御村方ニおゐて少も故障ヶ間敷儀無御座候、然ル上者御運上銀貴殿方ゟ御上納被成、此証文ヲ以年限中御自由ニ御辛判可被成候、右様熟談之上本物ニ相渡候上者、我等子孫者不及申ニ親類・証人ニ而も故障筋申もの決而無御座候、為後日念之親類・証人連印致、村御役人衆中奥書印形申請本物質入証文一札相渡申処、依而如件

明治元年

辰十二月

本人

波根西村

竹の屋

健之助（印）

同人弟

竹の屋

源治郎（印）

親類鳥井村

幾久屋

佐七郎（印）

証人大田村

井筒屋

和右衛門（印）
同断
波根東村
加藤六左衛門（印）
藤田吉郎右衛門殿
横田武三郎殿
前書質入之趣承届相違無之奥書印形如件
明治元辰年十二月
邑智郡酒谷村
庄屋
耕三郎（印）
庄屋
義右衛門（印）
頭百姓
仁兵衛（印）
同
礒右衛門（印）
同
幾三郎（印）
同
幸太郎（印）㉑

第７表　保関鈩の建物

建物名	軒数（軒）
鈩吹小屋	1
鍛冶屋	1
本古屋	1
土蔵	1
小鉄洗小屋	1
炭小屋	1
人別長屋	14
添水	1

出典：第６表に同じ。

第６表　保関鈩小鉄・炭概算

内容	数量（駄）	備考
小鉄	4100	棚何ヶ所之小鉄場ニ有之分共如此
炭	3700	保関山
	17000	泉山
	2000	地下山
	2000	森原山
	1400	光沢屋山
	1000	原田屋山
	2500	光吉屋山
	200	小屋敷山
	800	竹谷山・物所附山
炭合計	30600	

出典：「明治元年辰十二月　本物小目録」
（五嶋屋文書、2610、江津市教育委員会所蔵）

【史料七】から、竹野屋は邑智郡酒谷村保関鈩、鍛冶屋、山林などを蔵本耕三郎と幸太郎から掛り受けていた。【史料七】の奥書から耕三郎は庄屋、幸太郎は頭百姓であったことがわかる。

明治元年段階の保関鈩は、第6表にみえるように小鉄（砂鉄）四一〇〇駄、炭は、保関山・泉山・地下山・森原山・光沢屋山・原田屋山・光吉屋山・小屋敷山・竹谷山・物所附山で三万六〇〇駄、建物群については第7表に示すように、鈩吹小屋一軒、鍛冶屋一軒、本古屋一軒、土蔵一軒、小鉄洗小屋一軒、炭小屋一軒、人別長屋一四軒、添水一軒であり、大鍛治場が併設されていることから割鉄の生産を実施していたと考えられる。

竹野屋の幕末期と考えられる資産をみてみると、第8表にしめすとおり、竹野屋は、資産一万二八五両のなかで地方五六五〇両（約五四・九％）、鈩方三一二五両（約三〇・四％）の割合で、土地からの収入を中心としつつもたたら製鉄業にも依存している経営であった。

久手浦竹下家との関係でいうと、安政四年（一八五七）、竹下家は、竹野屋から「〇へ一桜印鉄」、「へ一〇吉桜印鉄」という割鉄と考えられる製品鉄を仕入れており[22]、親戚筋である久手浦竹下家と波根西村竹野屋との経営面での密接な関係を想定できるのではないかと推測できる。

しかし、前述【史料七】によると、竹野屋は、おそらく負債整理のため明治元年十二月、江津に拠点をおく藤田家・横田家へ鈩・鍛冶屋を質入することとなった。

第8表　竹野屋の資産概算

内容	金額（両）	構成比率（%）	備考
地方	5650	54.9	
鈩方	3125	30.4	
山方当年	27	0.3	
御米拝借分	300	2.9	白米48石
利	1092	10.6	
年貢上納米	61	0.6	14石7斗
店方買物代積り	30	0.3	
合計	10285	100.0	

出典：「三月十一日親類立会相談之所頭書おぼへ」
（竹下家文書、群11-279、大田市教育委員会寄託）
注：金額は「両」未満切り捨てで記載している。

四　郷田村藤田家の経営

江津を拠点に廻船業者として鉄類などの流通で活躍する藤田家と横田家は、明治元年十二月、竹野屋から保関鈩・鍛冶屋を手に入れる。これは、竹下家と同様に、廻船業の品で、重要な割合を占める鉄の生産先を手中におさめる経営を志向していると考えられる。

しかし、明治初年のたたら経営は、厳しかったようであり、その状況が次の二つの史料からわかる。

【史料八】

熟談儀定書之事

酒谷村保関鈩之儀、波根西村竹野屋虎太郎御運上受稼方被致候所、銑鉄下洛諸色高直ニ付、大金損亡ニ相成、私共始各々方仕入金取替ニ相成申候所、返済方出来不申候ニ付、私共取替金為引当鈩株式并諸道具一式・御林山其外共質物ニ受込置、猶又主法稼仕入金等致候得共、目当相立不申ニ付、今般諸銀主一同熟談之上、当午ゟ来卯迠拾ヶ年之間備後国横谷村倉ヶ廻宇八郎殿へ私共ゟ掛ヶ渡儀定仕候得共、右床役銑并鍛冶屋床役共蔵本耕三郎殿方へ預ヶ置、毎年三・六・九・十二月年中四度諸銀主一同へ仕入金高ニ応シ割渡可申儀定ニ御座候、万一右宇八郎殿稼方相止候節ハ実談を以申合可仕候、為後日念之儀定書一札相渡申所如件

藤田吉郎

横田武三郎

証人

日村屋

市郎

竹のや
虎太郎

蔵本耕三郎殿
志沢屋篤四郎殿
大和屋礒吉郎殿
外御銀主中(23)

【史料九】

相渡申儀定書之事　朱書「写」

当村保関銆之儀、波根西村虎太郎御運上受稼方被致候所、藤田吉郎殿・横田武三郎殿方江質入ニ相成候侭、右両家ゟ今般諸銀主一同熟談之上、備後国横谷村倉ヶ廻宇八郎殿へ掛ヶ渡ニ相成、右床役銑・かじや懸銭共私方へ時々預置候而、右両家始銆諸銀主一同江毎年三月・六月・九月・十二月年中四度ニ仕入取替金高ニ応し銀主中へ割渡可申儀定也、依而後日異変為無之儀定書一札相渡申所如件

明治三
午六月

床役銑預り人
証人
証人

両名当テ
外ニ
御銀主中(24)

【史料八】・【史料九】によると、明治初年における「銑鉄価格下落諸色高直」により、「大金損亡」となり、経営をしていくことが難しくなっていき、明治三年六月には、備後国横谷村倉ヶ廻宇八郎へ掛け渡す事態となっている。これは、藤田家・横田家の生産鉄確保の思惑が大きく外れてしまい、鈩・鍛冶屋を短期間で手放してしまうという状況といえる。

藤田家は、次の史料から明治二十四年、新規に酒造業の経営に携わろうとする。

【史料一〇】

一月七日受付

新規酒造営業免許願（印）

一清酒百石見込

右別紙絵図面之場所ニ於テ明治廿三年度酒造営業仕度候間、免許鑑札御下附被成下度、依テ保証認可願相添へ此段相願候也

明治廿四年一月五日

石見国那賀郡江津村大字郷田三百弐拾八番地

藤田武雄

全国全郡全村大字全百四十三番地

右後見人　千代延竹五郎（印）

全国全郡同村大字全二百九十六番地

酒造営業人　武田勝太郎（印）

石見国那賀郡都濃村大字嘉久志イ四百八番地

酒造営業人
石見国那賀郡都野津村千八百三十一番地　森脇久五郎㊞
仝営業人　森本為太郎（印）
全国全郡同村千八百拾六番地
仝　藤代宅次㊞
全国全郡同村千九百六拾四番地
仝　花本多作㊞
島根県知事篭手田安定殿[25]

【史料一〇】には、藤田家による新規酒造業経営に、千代延竹五郎を後見人としてたてている。

千代延家は、酒造業を生業としている家と考えられ[26]、藤田家と縁戚関係があり[27]、千代延家との密接な経営の提携を想起させる。

藤田家の投資先の関心は、粗陶器にも及び、第9表によると、嘉久志村で粗陶器を生産していた山形米三郎[28]へ、明治十六年より度々貸付がなされ、その抵当に土蔵、宅地などがあてられているが、丸物（粗陶器）を引き当てとしている例もあり、廻船業で取り扱う品を手中に収めていることがわかる。

そして、明治三十三年には、次の史料でわかるように、

第9表　藤田家の山形家への貸付金

年	月日	貸付金額（円）	抵当物件	返済期限	文書名	目録番号	備考
明治16年(1883)	9月	86	土蔵	明治17年 8月	物品請払帳	84	
明治19年(1886)	9月27日	8	畠	明治20年 6月25日	物品請払帳	84	
明治23年(1890)	12月17日	100	丸物仕入金として取かえ	明治24年 8月	物品請払帳	84	
明治24年(1891)	7月15日	20		明治24年 8月20日	記	594	払方差支のため
明治27年(1894)	5月 3日	50	山木や宅地建物		物品請払帳	84	
明治27年(1894)	5月17日	20	引当丸物百丸	明治27年 6月20日	借用証	2636	丸物仕入金ニ差支のため
明治28年(1895)	9月27日	30		明治28年12月	物品請払帳	84	
明治29年(1896)	2月 4・18日	60		明治29年 6月25日	物品請払帳	84	
明治29年(1896)	7月21日	15			物品請払帳	84	

出典：五嶋家文書（江津市教育委員会所蔵）

【史料一一】

掛受定約証

大字嘉久志字丸物屋イ七百五十一番地

一粗陶器製造場　壱ヶ所

但し、建物釜場十段、土山従前ヨリ堀来之通リ、外ニ附属道具六筆、従前ヨリ有来之分、壱ヶ年ニ付此掛受料四拾円ニ定メ、外ニ山形米三郎ヨリ売渡ニ相成新調諸道具別紙横帳之通リ、壱ヶ年ニ付此掛リ受料金弐拾円ニ定メ

合金六拾円之辻

但し、掛受年間之義ハ明治三十三年ゟ満十ヶ年間之定メ

右前記之通リ御掛置キ被下候ニ付、正ニ掛リ受候処相違無御座候、就而者大修繕之義ハ貴殿方ニ於テ負担被下候事、小修繕之義拙者方ニ於負担可仕候事、猶又掛受料金払込之儀ハ、毎年半額者八月六日限リ、後半額ハ翌年一月三十日限リ、右両度ニ急度相納可申候、万一期日延滞致候節ハ、保証人ヨリ弁償可仕候、猶又年期明之節ハ無滞御返し可仕、依テ為後日之掛受証差入申処、依テ如件

明治三十三年

十月三十日

都濃村大字嘉久志掛受本人

山形鶴太郎（印）

同村右保証人

森脇正人（印）

江津村

藤田吉郎殿

建物掛受証書

大字嘉久志字丸物屋イ七百五十二番地ニ建有

一居宅壱棟　　但造作付

此建坪七坪

前同仝

一土蔵壱棟　　但同仝

此建坪十七坪弐合(カ)

此掛受料壱ヶ年ニ付金拾円之定メ

右建物当明治三十三年ヨリ満十ヶ年間御掛置被下候処確実也、然ル上掛リ受料納方之義者、毎年八月六日限リ半額、後半方者翌年一月三十日限リ、右両度ニ相納可申候、万一期日相滞候節者、保証人ヨリ弁償可仕候、猶又年期明之節者速ニ御返シ可申候、依テ為後日掛リ受証差入申処如件

明治三十三年

十月三十日

都濃村字嘉久志掛受本人

山形鶴太郎（印）

同村右保証人

森脇正人（印）

江津村

藤田吉郎殿(29)

とあり、粗陶器製造場（釜場十段、附属道具など）・居宅・土蔵を藤田家が所有することになり、それらを粗陶器製造場は六〇円、居宅・土蔵は一〇円で山形鶴太郎へ掛け渡している。[30]

おわりに

このように考察してみると、銀山料沿岸部の諸家は、幕末から明治初年にかけて各家の経営の一角に、たたら製鉄業を考えていたことがわかる。

竹野屋と縁戚関係にある鳥井村菊屋は、[31]十九世紀前半からたたら製鉄業に手を染めていたことも考慮すると、[32]このような経営方針は十九世紀前半から既にあったと考えられる。

たたら製鉄業と廻船業者の関係について、仲野義文は、十九世紀以降、たたら製鉄業は廻船業者にとって商品販売の市場、再投資先であると論じているが、[33]その指摘は的を射ており、幕末から明治初年にかけての諸家の具体的な動きの一端がみてとれる。明治十年代後半以降、たたら製鉄業での利益が減少するなかで、石東沿岸部に拠点を置いて物の流通で利益を得る諸家はたたら製鉄業から離れていき、投資先を需要に応じて変化させていくと考えられる。

【注】

（1）竹下家の廻船業については、仲野義文「一九世紀、石見東部における廻船活動と経営について」（『山陰地方における地域社会の存立基盤とその歴史的転換に関する研究』島根大学、二〇一四年）に詳細な考察が加えられている。藤田家の廻船業については、江津市誌編纂委員会編『江津市誌』上巻歴史編［近世］第六章「商工業の進展と統制」第一節「江川舟運の発達と江津」（江津市、一九八二年）に触れられている。

(2)「山間地域史研究の視座―石見銀山領の村における生産・流通・資本―」(『芸備地方史研究』第二八四号、二〇一三年)。
(3) 大田市教育委員会寄託。
(4) 竹下家文書、群二四―四三―三。
(5) 近重小次郎編『石見国地価全書』(国立国会図書館所蔵) によると、石田家は、明治十一年 (一八七八) 段階で、地価一万六七一円八四銭と石見国では上位にあり、田畑宅地もあった。
(6) 前掲「明治十六年拾月三十一日製鉱処見分ニ付上伸扣」。
(7) 角田徳幸によると、このような銑中心の鉘を「海の鉘」と分類し、水運によって原材料を確保し、単価の安い銑を廻船で大量に運ぶ経営を行っているとする。同『たたら吹製鉄の成立と展開』(清文堂、二〇一四年) を参照されたい。
(8) 明治十年代後半の経営状況については渡辺ともみ『たたら製鉄の近代史』(吉川弘文館、二〇〇六年) に、出雲地域での経営難について詳細な分析がなされている。
(9) 山岡栄市「同族団と村落構造の変貌」(同編『三瓶山周辺の社会と文化』大明堂、一九六六年)、同「石田家 (大田市鳥井町) の家憲」(『郷土石見』第三号、石見郷土研究懇話会、一九七七年)。他に細田彌三『鳥井町史誌』(明福会、一九七七年) にも指摘がある。
(10) 仲野義文注 (1) 前掲論文。
(11) 大田市教育委員会寄託竹下家文書、群一四―四三―一。
(12) 大田市教育委員会寄託竹下家文書、群一四―四三―二。
(13) 竹下家文書にみえる竹野屋健之助は、現在の調査段階では、慶応三年 (一八六七) ~明治十二年 (一八七九) にみえる。
(14) 大田市教育委員会寄託竹下家文書、群一一―二六七―二。
(15) 大田市教育委員会寄託竹下家文書、群一四―四。
(16) 竹野屋虎太郎と健之助との関係は、史料に乏しく判然としないが、現段階では健之助の先代と考えている。
(17)「借用金田畑質入証文之事」(大田市教育委員会寄託竹下家文書、群一一―二一八)。

(18) 大田市教育委員会寄託竹下家文書、群一一―二六六。
(19) 田村屋忠助は、史料に乏しく判然としないが、大田市教育委員会寄託竹下家文書、群五四―一二八に、

当辰壱ヶ年季相渡申畑証文之事

字池ノ尻
一畑高壱石三斗壱升七合
同所
一同三合
同所
一同四斗
同所
一同四斗
同所
一同弐升九合
字市庭
一同三升
〆弐石壱斗七升九合　但、境東貴殿畑境并ニ若松屋和十郎殿畑境
西和田屋豊七郎殿畑并ニ静間村真四郎殿畑并ニ和田屋豊七郎殿畑并ニ大田北町
三四郎殿畑境
南今出屋嘉右衛門畑并ニ泉屋善四郎畑并ニ太田北町三四郎殿畑境
北釜屋重四郎田并ニ作道限り
〆
此質地代金百弐拾両也
右者御上納諸払方差支申候ニ付、前書之畑此度貴殿江壱ヶ年季ニ相渡質地代金請取御上納諸払相勤申所紛無御
座候、然ル上当辰御上納者勿論、村入用ニ至迄貴殿ゟ御勤被成候、尤当辰暮迠ニ右之本金相調候ハヽ、無相違

御戻し可被下候、若少シニ而も不足仕候歟、又者年季過候得者、流地ニ相成候間、不為別紙則此証文を以永々
御抱所ニ被成、御勝手次第御裁判可被成候、其時我等儀者不及申ニ、子孫・親類ニ至迄一言差申もの無之由候、
為後日親類受人・証人加判仕、村役人衆中奥印申請証文一札相渡申処、依而如件

安政三年

辰二月

本人

久手浦長屋

儀助（印）

親類受相人

同村田村屋

柳兵衛（印）

証人

同村餅屋

幾平（印）

竹屋

亀助殿

前書之通承届相違無御座候、以上

刺賀村

庄屋朝十郎（印）

頭百姓豊七郎（印）

同役登四郎（印）

とあり、差出のところで久手浦長屋の親類に田村屋が存在することがわかり、おそらくこの家ではないかと推
測している。

(20) 大田市教育委員会寄託竹下家文書、群一一―二七九。

(21) 江津市教育委員会所蔵五嶋屋文書、九四、同文書一五二四―一に写しがある。五嶋屋とは、藤田家の屋号である。
(22) 仲野義文前掲注(1)論文。
(23) 江津市教育委員会所蔵五嶋屋文書、一二一、同文書一五二四―四に写しがある。
(24) 江津市教育委員会所蔵五嶋屋文書、一五二四―三。
(25) 江津市教育委員会所蔵五嶋屋文書、三一八〇。
(26) 拙稿「石見地域における工業生産物の特徴と盛衰について―たたら製鉄業の盛衰と地域の変貌―」(前掲注(1)『山陰地方における地域社会の存立基盤とその歴史的転換に関する研究』四〇頁)。
(27) 「過去帳」(藤田家所蔵)によると、一例として、近世後期に藤田利兵衛の弟民右衛門が千代延家へ養子に入っていることが確認できる。
(28) 前掲注(26)拙稿論文四〇頁。
(29) 江津市教育委員会所蔵五嶋屋文書、一六七〇。
(30) 山形鶴太郎は、史料に乏しく判然としないが、おそらく山形米三郎の次の代であろう。
(31) 前掲注(17)「借用金田畑質入証文之事」によると、鳥井村菊屋は「親類受人」として名を連ねている。
(32) 文化十四年(一八一七)、飯石郡畑村堂ノ原鈩は家嶋順右衛門から菊屋喜平太へ売却された。詳細は拙稿「近世後期における出雲国能義郡鉄師家嶋家の経営進出―出雲国飯石郡及び伯耆国日野郡への進出事例―」(『たたら研究』第五〇号、二〇一〇年)を参照されたい。
(33) 仲野義文前掲注(2)論文。

〔付記〕史料の閲覧にあたっては、藤田武利氏、江津市教育委員会、大田市教育委員会にお世話になりました。また、島根県古代文化センター中安恵一氏には貴重なご教示をいただきました。末筆ながら記して御礼申し上げます。

石見銀山の幕末を生きた武士
―「石見銀山附地役人」の明治維新 ―

矢野健太郎

はじめに

本稿の課題は、幕末維新期における石見銀山料の武士「石見銀山附地役人」（以下、地役人と記す。）の軌跡を史料から跡づけることを通して、幕府方の武士であった地役人が幕末維新の動乱をどのように生き抜き、明治を迎えたのかを明らかにすることである。

石見銀山では鉱山に関する専門的な技術や知識を有した地役人が、慶長五年（一六〇〇）より召し抱えられ、江戸時代を通じて銀山の開発や経営、代官所の御用などを勤めていた。近世初期から中期の地役人については、初期の地役人は銀山開発や地方支配に携わり、身分や扶持も比較的高かったこと、その後、人員や地方支配への関与のあり方が問題となり、宝暦期に代官天野助次郎の改革によって、①人員削減、②地方支配からの一掃、③身分・扶持を幕府の諸規定へ合わせることが行われ、近世初期の地役人とは大きく異なる存在となっていったことが指摘されている(1)。

近世後期になると地役人は身分的に役人、同心、中間の三つの階級に分けられ、職務や俸給についても定められていくこととなった。文政十三年（一八一六）頃の地役人の階級・給録・人数について第1表にまとめる。それぞれ概要を押さえておこう(2)。

①役人は、主に銀山経営に関わり、代官所内の銀山方役所や「間歩」（坑道）の入口付近に設けられた四ツ留番所などで勤務した。俸給は三〇俵三人扶持を基本とし、役職によって役料や加扶持が支給された。

②同心は、主に銀山料に設けられた番所に勤務した。俸給は一五俵二人扶持を基本とし、役職により加扶持が支給された。

③中間は、門番、御銀蔵番、御用飛脚などの雑務を勤めた。俸給は八俵一人扶持であった。

ここで役人の勤務実態を、天保三年（一八三二）の役人阿部光格の日記[3]からみてみよう。この年、阿部は幕府直営の坑道であった新切山の四ツ留番所での勤務を、槙野治兵衛（病死により後に勝岡愛之助へ交代）、田邊三四郎との三人で担当することとなった。番所への出勤は朝四ツ時（九時から十一時）で、当番として一晩を番所に詰め、翌朝に次の当番と交代し、勤務日の翌日は休みとなっていた。このほか代官所などでの臨時の業務もあるため、年間の勤務日数は一八四日間であった。

日記を見る限り、阿部は粛々と日々の業務をこなしており、まさに平和な時代に「役人」（行政官）として生きた武士の姿をみることができよう。このほか特徴的な記事としては、代官の根本善左衛門に年間二九回も「御茶」に招かれており、非常に文化的な生活を送っていた様子もうかがえる。

第１表　近世後期地役人の階級・俸給

階級	役人	同心	中間
俸給	30俵3人扶持	15俵2人扶持	8俵1人扶持
人数	30	29	23

「石見国銀山要集」（山中家文書229）より作成

近年、こうした近世後期の武士の生き方をめぐっては、戦闘者や役人といった面だけでは捉えられない武士の姿や[4]、「奉公」と「私」との間を揺れ動きながらしたたかに生きた武士の姿が明らかにされてきている[5]。これは近世後期の平和な時代を生きた武士たちが、幕末維新をどのように生きることとなったのかを検討する上で重要な視点である。

また、幕末維新研究において「幕長戦争」は、幕府が敗れたことで、その権威の失墜を招き、幕府権力解体を決定づける戦争であったと評価されており、[6] その後の政治過程を検討する上でも重要な転換点であったといえよう。近年、長州藩と幕府の両方の史料から、戦況だけにとどまらず、当時の民衆の動向や国際関係もふまえた実証的研究[8]が進められてきているが、その一方の当事者であった地役人の実態や動向については、明らかになっておらず、さらなる検討が必要である。[7]

こうした研究動向を踏まえて、幕末維新期の石見銀山と地役人を事例に、前記の課題について検討していくことにする。

一　幕末期の地役人の動向

幕末になると地役人を取り巻く政治情勢は大きく変化することとなった。石見国は幕長戦争の戦場となり、それに勝利した長州藩は、石見国浜田藩領、石見銀山料、豊前国小倉藩領の企救郡を占領地とし、慶応二年（一八六六）から明治初年にかけて支配した。[9]

はじめに慶応二年から明治三年（一八七〇）の地役人をとりまく状況と扶持米支給の有り様について、明治三年七月に作成された地役人の由緒書から、役人である中山平一郎の「中山平一郎由緒書」[10]をみてみよう。由緒書は、最初に現当主の本国（家の出身国）、生国、身分、扶持米高、事績が記され、続いて初代から歴代当主の事績が記されるという形式をとる。由緒書の記述をもとに、当該期の地役人の動向を第2表にまとめる。地役人の動向は活動内容から大きく三段階に区分することができる。以下、概要をおさえておこう。

第２表　幕末期の地役人の動向

年	月日	地役人をとりまく状況	扶持米支給の状況
慶応2年	7月20日 ～ 晦日	大森陣屋の少人数での防戦は不可能なため、「御用金」と「御用物」を取りまとめて、代官・鍋田三郎右衛門に従い、大森陣屋を引き払い、備後国上下陣屋へ退去した。	
	7月晦日 ～ 9月	上下陣屋を出発し、三次駅に滞陣中の幕府軍の「講武所」部隊の陣所へ「御用金」を護送し、同所で講武所奉行・遠藤但馬守（胤城）の附属となって兵糧炊出などの御用を勤めた。	御用中の手当を6ヶ月で金25両、旅御扶持方3人扶持5割増を勤務日数に応じて石代で支給された。
慶応2～3年	9月～ 翌年12月	幕長戦争の終結により幕府軍の三次撤退にともない上下陣屋にて借家住まいとなり困窮するに至った。この間、上下陣屋にて鍋田三郎右衛門附属として御用を勤めた。その後、笠岡代官の長坂半八郎の	慶応2年11月28日より、上下陣屋での当分の手当として1人扶持が支給されることとなった。
明治元年	1月～3月	1月17日、上下陣屋を広島藩へ明け渡すため、同所を引き払った。その頃、将軍（徳川慶喜）が大坂表へ御進発なされたため、代官・長坂半八郎の指揮の下、倉敷陣屋より大坂への出発を企図したが、岡山藩の道路封鎖のため叶わなかった。そして、将軍が大坂より退去したため、同所で謹慎することとなった。その後、倉敷県知事へ引き渡された。	3月4日、備前守より手当として金43両1分と米90が支給され、倉敷陣屋を引き払う際に、さらに金40両が支給された。
	3月（5月） ～11月	3月、朝廷より謹慎について御免の沙汰が下った。そうしたところ、大坂において「徳川諸家来一統御暇被仰出候旨」が通達された。小給の者であり、時勢もあって余儀なく「石州表江土着」について、惣代を上京させ太政官へ歎願したところ、10月に許可された。10月25日に倉敷を出発し、11月5日に石見国へ帰国を果たし、土着することとなった。	9、10月は困窮したため、朝廷より月20俵宛の御手当が支給され、倉敷出発の際に岡山藩より餞別として金30両支給された。土着となってからは、長州藩より3等に分けて支給されることとなった。
明治2年	10月	大森県の設置により権知事へ「勤王」の歎願を行った。	
明治3年	1月～6月	1月13日、浜田へ侵入した「長州脱走人」の鎮圧に動員さ、「捕亡方」に任命された。	「捕亡方」として、浜田・益田への出張中は4人扶持を支給された
	7月	捕亡方を解任され、「勤王」もなされず、「浮浪之身」となってしまった。	

「中山平一郎由緒書」（山中家文書45）より作成

幕府方活動期（慶応二年七月～明治元年二月）

　幕長戦争において幕府軍として軍役を勤め、その結果、謹慎処分となり、明治元年に朝廷より謹慎が許されるまでの期間で、幕府方として活動した時期にあたる。

①　慶応二年七月、大森陣屋の少数での防戦が不可能なため、代官鍋田三郎右衛門に従って備後国上下陣屋へ退去した。その後、同国三次へ移動し幕府の講武所付属となり幕府軍の御用を勤めた。

②　同年九月、幕長戦争の終結による幕府軍の撤退にともない、上下陣屋へ戻り借家住まいとなり、同地において地方御用を勤めた。

③　明治元年一月、上下陣屋の明け渡しにともない、備中国倉敷陣屋へ移動することとなり、同地において謹慎処分となった。

歎願活動期（明治元年三月～同二年七月）

　倉敷での謹慎が解かれ、明治政府や長州藩に対して石見国への帰国と勤王の歎願活動を開始し、明治元年十一月に石見国へ帰国を果たした。由緒書に記載はみられないが、その後も勤王の歎願活動が継続して展開された時期となる。

④　明治元年三月（実際は五月と考えられる。この点は後述する。）に謹慎が解かれたところ、大坂において徳川家の諸家来へ御暇が出されるとの沙汰が下った。

⑤　時勢などもあり仕方なく石州への帰国について、惣代を上京させて太政官へ願い出たところ許可され、同年十一月に石見国への帰国を果たした。

身分模索期（明治二年八月～同三年七月）

　明治二年八月の大森県[11]の設置後、同県への勤王の歎願活動を経て、同三年の浜田県での「捕亡方」への任命から七月に解任されるまでの期間で、明治という時代のなかで自身の身分を模索した時期である。

⑥　明治二年十月、大森県に対し勤王の歎願をして沙汰を待っていたところ、明治三年一月、長州藩

の脱走兵が、浜田県へ侵入し役所を占拠したため、その鎮圧にあたった。

⑦ その後、引き続き「捕亡方」に任じられたが、同年七月にその任を解かれ「浮浪之身分」となってしまった。

また、由緒書の記述の中で注目されるのは、それぞれの段階において扶持米や諸手当の支給についても触れられている点である。幕長戦争以降の動乱の中にあっても、地役人は、幕府、岡山藩、朝廷、長州藩、浜田県など様々な支給元から、何らかの形で扶持などを得ることによって、幕末維新期を生き抜いていった状況がうかがえるであろう。以下、詳しくみていこう。

まず、地役人が幕府方として活動していた時期についてである。幕長戦争において石見国は激戦地となったが、銀山料では異なる様相を呈した。慶応二年八月、代官の鍋田三郎右衛門は、三次で幕府軍の講武所隊付属となって諸役を勤めることとなった地役人への御賄支給を要求した勘定所への伺いのなかで、当時の戦況について次のように記している[12]。

石州銀山附役人同心中間江御賄被下方之儀ニ付申上候書付

今般長防御征伐ニ付石州口為討手被差向候諸家人数出張数度之戦争官軍大ニ敗走、遂ニ浜田城も落去相成敵兵追々襲来、諸家人数石州路引揚候ニ付而者、大森陣屋之儀支配銀山附役人・同心・中間等八拾人余有之候得共、同心之儀者私領境并海岸向番所江詰居、其余役人・中間之内老人・病人等有之、陣屋許有合人数僅三四拾人ニ而者兎も防戦難行届候間、御用金并御用書物等取纏、前書地役人一同ニ而護送為致、備後国上下陣屋江向、去月廿日陣屋許出立、同夜御料所粕渕村江一泊、翌廿一日松平佐渡守領分雲州赤名駅江着仕候処、同処江講武所奉行遠藤但馬守始メ砲隊役々出張ニ付、面会石州路之形勢一通り申述、然ル処講武所隊付人足三百人余脱走、其上同所ニ至り人夫粮食必至与差支候ニ付、都而不都合筋無之様可取扱旨、右奉行申聞候ニ付、手附・手代而已ニ而者兎而も手足兼候ニ付、地役人共江も右御用為取扱候義之処、赤名駅之義者一体盆宿ニ而、多人数帰陣ニ而者諸事不都合之趣ヲ以、一先ツ備後国三次駅江操上ケ、於同所可及軍儀旨治定相成候義ニ御座候、…（中略）…漸同廿七日同国上下陣屋江着、御用物取調、同晦日同所出立、猶又三次駅江出張仕候処、講武所奉行申聞候者、当駅滞陣中別段護衛之人数も無之、差向右地役人之儀者兵粮護衛并宿陣中要地勤番、昼夜立番、且者間諜地理探索於戦地ニ至り候ハヽ、道等之地理教尋をも為相勤度訳ニ付、臨機之御遣方相成候義ニ御座候間、七月廿一日赤名駅夕賄ゟ御料所御引戻相成候迄、病気ニ而不参之もの相除、其余之分江者賄被下候様仕度奉願候、然ル上者宿陣中者食札印鑑為相渡焚出相成候節者、兵粮相渡候様可仕与奉存候、依之到着不参名面書相添、此段奉伺候、以上

（朱書）「慶応二年」

寅八月　鍋田三郎右衛門　印

御勘定所

（史料中の…は前後略を示す。以下同じ。）

この伺いからは、石州口における幕府軍の状況と地役人の動向について以下のことが判明する。

① 幕長戦争における石州口での数度の戦いで幕府軍は敗走し、浜田城も落城して、諸藩の兵も撤退してしまった。大森陣屋に所属の地役人は八〇人ほどいるが、同心たちは私領境や海岸などの番所へ詰めており、わずか三、四〇人では防戦も不可能であるため「御用金」と「御用書物」(13)（役所での重要書類）などをとりまとめて上下出張陣屋へ退去することとした。

② 七月二十日、大森陣屋を出立し粕淵村を経て、翌日、出雲国赤名で幕府の講武所奉行遠藤但馬守（胤城）が率いる講武所砲隊(14)と遭遇し石見国の戦況を報告した。講武所隊では所属の人足三〇〇人余が脱走し、人手も兵粮も不足していたため、これらの問題解消のために地役人に御用を勤める

ことが命じられ、三次へ出張することとなった。

③　二十七日、上下陣屋へ到着し「御用物」の整理を済ませ、晦日に三次へ出発した。三次では地役人は、兵粮護衛、陣中要地勤番、昼夜立番、間諜地理探索、戦地での道案内などの御用を勤めることとされた。

石州口での戦いについては「数度之戦争官軍大ニ敗走」とあり、「官軍」（幕府軍）は大敗し、大森では防衛戦を展開することなく退去したことが述べられている。こうした大森退去については、六月に勘定吟味役の羽田十左衛門（正見）より鍋田に出された石州口の兵粮に関する指令書[15]において、石見国へ大軍が派遣される向きもないため、時節を見計らって「御用金」などをとりまとめ陣屋を引き払い、時節を待つようにとの指示がなされている。さらに鍋田は番所を守る同心たちに対して、敵兵が侵入してきた際には「御用物取纏、父母妻子者在中身寄之者江為立退、当主者大森陣屋江可駈付旨[16]」を兼ねてより申し渡していたとしている。

つまり、幕府直轄地である石見銀山料においては、開戦前の段階から防衛戦を展開する意思はなく、「御用金」と「御用書物」をとりまとめ、陣屋を退去することまでが決まっていたのである。この地役人の行動は、同じ石州口の戦いにおいて藩主の命に従い扇原関門を守り戦死した浜田藩士の岸静江とはまったく逆のものであった。岸静江が忠義に生きた武士、武威を背景とした戦闘者としての武士の体現者であったとするならば、地役人は、戦闘者とは大きくかけ離れた平和な時代を生きてきた武士の姿であったといえよう。

しかし、全ての地役人がそうであったわけではなかった。同心の桐田才止郎の父伴次の事例を、この一件について記した鍋田より勘定所への願書[17]からみておこう。

当時、同心木頭まで勤めた桐田伴次は、病により歩行が不自由となったため跡職を息子の才止郎へ相続させ隠居の身であった。先にみたように同心たちへは代官より、長州軍が侵入してきた場合には、御用物をとりまとめ、父母妻子は身寄りの者のところへ退去させ、当主は陣屋へ参集する指令が出されていた。そこで才止郎が伴次に知人のところへ退去するように申し聞かせたところ、伴次は次のように述べたとある。

…弐百年来御給扶持丁第連綿相続仕、殊ニ永年木屋頭も相勤同役差引も致し候身分仮令致隠居候共、婦女子同様可立退筋ニ無之、陣屋江駈付相応之御用可相勤之処、歩行不自由不任心底ニ不得止事、敵中ニ引残居候ハヽ、渠必銀山之模様其外諸事可承者必然ニ有之、左候節者御恩沢を忘却渠ニ随従致候様風説可請も難計残念之段、強而申唱候間…

二〇〇年にわたり幕府より扶持を給せられてきた身分としては、たとえ隠居したとはいえ婦女子同様に逃げるわけにはいかず、陣屋へ駆け付け御用を勤めるべきであるが、歩行が不自由であるためそれもままならない。敵中に残っていては銀山の様子やその外の諸事について請け負うことは必然であり、そうなっては幕府の御恩沢を忘却して長州に随従したとの風説にさらされてしまうこととなり非常に残念であると強く訴えた。

その後、家族たちの説得もあり一度は納得したかにみえた伴次であったが、二十日の夜に切腹して果ててしまった。鍋田は願書の最後に、この伴次の行為を「地役人亀鑑とも相成候儀」と、まさに武士の鑑であると賞賛して相応の褒賞を与えることを願い出ている。その結果、慶応二年十一月二十八日、御手当金三〇両を拝領するとともに、同心であった桐田家は役人へと昇格することとなった[18]。

この事例からは、幕府への忠義に殉じた武士の姿をみることができるであろう。これは桐田家の由緒書においても「不辱士道奇特之事」と評されており、「平和」な時代を生きてきた武士たちが存在した一方で、いわゆる「武士道」を貫いた武士も少なからず存在したのである。

第３表　地役人数推移

<table>
<tr><th>身分</th><th colspan="2">幕府軍諸役
(慶応2年8月)</th><th>石見国帰国
(明治元年5月)</th><th>勤王嘆願
(明治2年4月)</th><th>帰農届
(明治4年9月)</th></tr>
<tr><td rowspan="4">役人</td><td>上下・三次御用</td><td>27</td><td rowspan="4">26</td><td rowspan="4">29</td><td rowspan="4">27</td></tr>
<tr><td>広島普請役代り</td><td>5</td></tr>
<tr><td>病　気　不　参</td><td>3</td></tr>
<tr><td>小計</td><td>35</td></tr>
<tr><td rowspan="3">同心</td><td>上下・三次御用</td><td>28</td><td rowspan="3">22</td><td rowspan="3">31</td><td rowspan="3">28</td></tr>
<tr><td>病　気　不　参</td><td>18</td></tr>
<tr><td>小計</td><td>46</td></tr>
<tr><td rowspan="3">中間</td><td>上下・三次御用</td><td>18</td><td rowspan="3">13</td><td rowspan="3">23</td><td rowspan="3">22</td></tr>
<tr><td>病　気　不　参</td><td>9</td></tr>
<tr><td>小計</td><td>27</td></tr>
<tr><td colspan="2">合計</td><td>108</td><td>61</td><td>83</td><td>77</td></tr>
</table>

「事変以来雑書綴込」(山中家文書204)、「大森宰判本控」(宰判本控128)、「帰農覚書」(山中家文書175)より作成

では次に、大森退去後の地役人の活動についてみてみよう。先にみたように幕府軍では、人足三〇〇人余が脱走し「人夫粮食必至与差支」る状況に陥り、軍事行動に支障を来していた。こうした状況を打開するため、慶応二年八月より地役人は、三次において幕府軍の諸役を勤めることとなった。この時の地役人の置かれた状況ついて、鍋田の報告である「石州銀附役人同心中間備後国三次江罷出御用相勤候もの并病気不参之者名面書」[19]をみてみよう。この報告では地役人の名前が役人、同心、中間の順に書き上げられており、どのような状況に置かれていたのかが記されている。それぞれの人数について第3表の「幕府軍諸役」の項目にまとめる。

まず「三次駅江罷出兵粮其外御用相勤候もの共ニ御座候」とあり、三次で諸役を勤めるとされた地役人が、役人二七名(内、見習い四名)、同心二八名(内、見習い一三名)、中間一八名(内、見習い二名)の七三名とされた。この内、役人二名は「上下ゟ大坂表江為銀納出役」にあたったとされ、大坂へ石見銀山よりの銀上納の役を勤めている。また、中間一名が「御用物非常為心付上下止宿」として、上下陣屋で御用物の管理にあたった。

また、鍋田よりこれらの御用を勤めるにあたっては「右御用中夫々相当之御手当、御扶持方被下置候様仕度」と、地役人への扶持米の支給を勘定所へ願い出ており、講武所付属中に勤めた御用について身

分や職務などに応じて御手当金、旅扶持米、雑用金などが支給されることが羽田十左衛門により決定された[20]。これらの支給は八月分のみが、役人二二名、同心二八人、中間一八名の六八名へ対して九月に支給されており、これが三次での御用の勤務実態であったと考えられる。このほか役人五名（内、見習い一名）については、「去ル六月中於広嶋御普請役代り被仰付、粮秣御用相勤罷在候」とあり、開戦前から広島において兵站に関する御用を勤めており、十月十日に御用を終えて上下陣屋へ帰着している[21]。

ここで注目しておきたい点は、こうした軍事活動に関する御用についても扶持米などの支給が要求され、それがなされているという点である。幕府の存亡のかかった戦いであり、さらには「大ニ敗走」と記されたように不利な戦況にあったにもかかわらず、軍役を勤めるに当たっては、相応の扶持の支給がなされなければならなかったのである。これは幕末期の武士の御用と扶持との関係性を物語る特徴的な事例であるといえよう。これほどまでに御用に対する扶持の支給は、必然のものとなっていたのである[22]。

このほか地役人が動員された具体的な軍事活動として「石州表間諜御用」に関する次の史料をみておこう。

石州銀山附同心
山内善一郎
林忠衛門
波多野源三郎
池亀基三郎

金弐百疋ツヽ

其方共儀石州表間諜御用格別骨折相勤候ニ付為御褒美被下之候旨、於京地板伊賀守殿被仰渡候段、浅野美作守殿御達に付此段申渡

卯正月

これは慶応三年正月に老中板倉伊賀守（勝静）より、石州間諜の褒美として金一〇〇疋を同心の山内、林、波多野、池亀の四人へ与える旨が勘定奉行の浅野美作守（氏祐）より通達されたとする内容である。地役人がこれまでの経験を見込まれて、長州藩の占領地となった石見国での諜報活動を行ったのである。

このことについて慶応二年八月九日夜の長州軍から山口への「大森攻入密謀」[23]という報告をみておこう。その概要は以下のようなものである。

① 雲州口より藤堂和泉守と松江藩兵、海岸より遠藤但馬守と浜田藩の落人、郷川（江の川）筋より講武所と銀山附地役人の軍勢が一斉に侵入し、大森陣屋の脇にある御中間長屋に火をかけて攻め入る手筈である。

② その「探索」として五、六日前より「大森」担当が山内善一郎、「村方」担当が池亀基三郎、「西方郷津辺」担当が林忠右衛門、「南方郷川辺」担当が波多野源三郎の四人の同心が密かに大森へ差し向けられた。

③ 四人は八月九日に落ち合って三次へ戻る予定で、攻め込んでくる日時は不明であるが、郷川の渡船を残らず切り払い、同時に石見銀山料を取り囲み大森町の御陣屋へ攻め込んでくる予定である。

このように長州藩は八月九日の段階で、「大森攻入密謀」の諜報活動から戦術に至るまで、非常に詳細な点まで把握していたといえよう。[24] 実際に長州藩が想定していた「大森攻入密謀」は実施されなかったようであるが、戦時下において地役人は様々なかたちで軍役としての御用に従事していたのである。

しかし、全ての地役人がこれらの御用を勤めたわけではなかった。役人三名、同心一八名、中間九名（内、見習い二名）の三〇名については「病気ニ付不参仕候」とあり、病気や老齢などのため代官の大森退去について行けずに大森に残されることとなった。鍋田は彼らについても「石州大餅陣屋囲籾地役人妻子為扶助被下方之儀ニ付奉伺候書付」という願書を勘定所へ提出し、大森の地に残された地役人の家族たちに対して、大森陣屋で管理している囲籾を地役人の分限高に応じて支給することを願い出ている。[25]大森へ残された者たちの生活の保障についても対応が図られようとしていたといえよう。

これが長州藩による支配が開始されつつあった大森において実施されたかは定かではないが、明治元年の地役人の大森帰還に関して、長州藩役人の伺いの写しと推定される史料[26]には次のようにある。

…老人、病者、妻子之者共者相残居候処、一昨冬ニ至り百姓一統之仕成ニ申聞、銘々農町之育ニ致し、為救助八拾四家之内三家者立退候ニ付、残り八拾壱家江壱ヶ年米八俵宛之当ヲ以立遣来候処、去冬ニ至尚又家別人員江当り壱人扶持宛自当正月立遣候…

ここからは長州藩が残された地役人の家族に対して、慶応二年の冬より身分的には武士ではなく百姓として扱ったこと、家別に八俵宛の扶助米と明治元年一月よりは家別の人員に対して一人扶持を支給したことが明らかとなる。大森に残された非戦闘員については、幕府は何らかの形で生活の保障を企図しており、長州藩は救助として米の支給を実施していたのである。

ところで、代官や地役人が退去した後の銀山経営はどのような状況に置かれたのであろうか。石見銀山料は慶応二年八月より長州藩の支配に置かれることとなり、銀山経営も長州藩が管理することとなった。[27]

まず、幕府側の認識としては、退去時に鍋田は銀山経営について「銀山稼方之儀も暫時臨機ニ取計置可申旨、同所町役人共江申付置候儀有之、乍去御引戻相成候迄者一時御直稼相廃候儀ニ者候得共」[28]と記しており、銀山経営についてはしばらくの間「臨機」に行うようにと大森の町役人へ指示したとされている。つまり銀山経営を町役人へ任せているのであり、実態としては、それが可能であったということであろう。一方で代官や地役人が戻って来るまでは、一時的に幕府直営の「御直稼」が廃れるとしており、その点が問題視されていると言えよう。

かたや、長州藩の認識は「石州之三難事」の一つであるというもので、次のように記している。(29)

幕銀山之仕法者、是迄山盛んニして利益ある時元銀を取除キ、是を諸国江貸付、只今其利銀壱割にして此節三百六拾貫目位有之候由、是を壱ヶ年銀山之元金ニ〆を掘り候処、製銀壱ヶ年弐拾貫目ゟ三拾貫目出テ候由、銅千弐百貫目位出テ候、仮令者元銀三百五(ママ)拾貫目入レ、出銀銅之価百弐拾貫目之物出て候時者、弐百四拾貫目之損なり、然ル時者貸付之利銀三朱ニ廻リ候与アキラメ候様之仕法立与相見へ申候

幕府の銀山経営は、銀山の利益を諸国へ一割（一〇％）の利子で貸付、その利銀を経営資金として銀や銅を生産するという方法であるが、産銀銅の価格が利子額を下回るため三朱（三％）の利子とあきらめるような仕組みであるとしている。さらに続けて慶応元年は銀二〇〇貫目の損失があり、銀山経営は「誠ニ一難事銀山ニハ利益あり候様申立候得共、是ハ山子ノ常ニ御座候様被考候」として、利益があるかのようであるが、投機的な事業であるため難事の一つであると認識している。こうした経営のあり方に問題があるとした長州藩は、明治元年より銀山経営の改革に着手したとされる。(30)ただし、当該期の銀山経営の実態や長州藩の経営改革の具体的な内容については不明であり、今後の課題としたい。ともあれ両者の銀山経営に対する同時代的な認識には大きな隔たりがあったといえよう。

再び三次の地役人に目を戻そう。慶応二年八月以降の地役人の動向について、同年十一月に鍋田より出された地役人への扶持米支給の願書(31)には、講武所隊の三次引き揚げにともない地役人の任は解かれ、御手当金などの支給もなされなくなったとあり、その後の動向については、次のように記されている。

…上下陣屋許ニ而借家銘々手賄可致旨申付候得共、素々小給之者ニ而同所ニおゐて家賃并布団損料

其外雑費多分相掛り、其上妻子者親類又者知音之者方江離散仕、御切米御扶持方者右食料其外手当ニ差向候様相成、必至難渋候段相違無之候間…

これによると、役人たちは上下陣屋での借家住まいと手賄いを命じられ、それらの費用と大森へ残してきた家族への手当てのため難渋するのは避けられないとして「御料所御引戻相成迄別段御賄壱人扶持」と、銀山料への帰還までは一人扶持の支給を願い出ている。この願いは十一月二十八日に勘定奉行服部筑前守（常純）により許可されることとなり[32]、その間、地役人は上下陣屋において「地方御用相勤」ることとなった[33]。

また、鍋田には十一月に「場所替」が仰せ付けられ転役となり、これ以降、慶応三年十二月まで地役人は倉敷代官の配下となった[34]。慶応三年の地役人の動向についての詳細は不明であるが、由緒書によれば上下陣屋を拠点として御用を勤めていたことがうかがえる[35]。そして、明治元年一月、大坂にて戊辰戦争が勃発するなか、上下陣屋は朝廷よりその鎮撫を命ぜられた広島藩へ明け渡されることとなった。その後、地役人は「倉敷表江罷越謹慎」となり、朝廷より「御免」がなされるまで、倉敷において謹慎することとなったのである[36]。

二　明治初年における嘆願活動の展開と長州藩

それでは次に、地役人が帰国と勤王の嘆願活動を展開した時期についてみていこう。明治元年（一八六八）三月、地役人は大森への帰還と職務への復帰を目指して嘆願活動を開始した。明治元年三月十五日に地役人より倉敷代官であった長坂半八郎へ出された最初の願書をみてみよう[37]。由緒書では三月に謹慎が解かれたとされていたが、長坂への通達や地役人の願書の記述から、実際に長坂をはじめとして地

役人の謹慎が解かれたのは五月二十二日であったと考えられる。(38)

石州銀山之儀従来相稼来追年手を尽し候得共、見込厚キ場所有之候処去々寅年事件ニ付一時廃候姿ニ而其侭相成、此上捨置候而者自然坑中潰所出来修復不行届、従来之御宝山終ニ廃山相成可申段歎ヶ敷次第奉存候間、稼法古復被仰付候様仕度、左候得者山方多人数之者一統力を得人気引立稼方為相励候ハヽ、灰吹銀出方も相進御国益相増候者勿論石州郡中一体之潤助相成候者必然之儀与奉存候、就而者此度倉敷表江相越候役々之者一同帰国土着之上勤王被仰付候ハヽ、抽丹誠勤方相励御国益相備候様仕度奉存候、尤役々之者共慶長年中ゟ右銀山ニ而連綿相続仕候処、此度之形勢ニ而帰国仕候上者差向流浪難渋仕候間、何卒出格之御仁恕を以寛太之御沙汰御座候様、偏ニ奉歎願候、以上

(朱書)「四年」辰三月　(朱書)「十五日出ス」

石州銀山附役人組頭
鹿　野　忠　兵　衛　印
藤井七郎右衛門　印

ここでは地役人がこれまで銀山経営に手を尽くしてきたところ、見込みのある鉱脈も慶応二年以降は廃れてしまい、このまま放置していては「御宝山」も「廃山」となってしまうため、銀山経営を従来の「稼法」に復することが必要であるとしている。そして、それこそが「御国益」や「石州郡中一体之潤助」を生み出すとして、「帰国土着」したうえで「勤王」というかたちで銀山経営への職務復帰を願い出ている。こうした銀山との関わりを強調する論理は、今後も展開される嘆願活動のなかで大きく変わることはなかった。地役人の職務獲得については、銀山経営との関わりを軸に展開されたのである。

しかし、この願書に対して長坂よりは何の沙汰もなされなかったため、五月十八日には京都へ惣代を

送って嘆願活動を行い、その沙汰を帰国して待ちたいということを願い出ている。(39) 二十二日に至り、岡山藩を通じて朝廷への「御恭順」が受け入れられると、再度、二十三日に惣代の上京を願い出て、惣代三名が上京することとなり、その後の嘆願活動は主に京都で展開されることとなった。

一方の帰国をめぐっては、長坂より岡山藩士の村井傳右衛門を介して長州藩との交渉が行われていた。長坂より村井へ対して地役人が「帰国之上勤王第一ニ相勤度旨」を願い出ていることが伝えられたところ、五月二十七日の村井の書状には次のようにある。(40)

…長州江使者として参候者江尚又先方模様得与承り候処、先方ニ而申ニ、何分豊石両地之義者天朝ゟ御預地之義故、土着いたし候もの者当家指揮ニ随と申文意無之而者と申処、断然申立居申候之由…

長州藩よりは当家の指揮に従うという文言がなければならないという非常に厳しい要求がなされた。これを受けて五月晦日に地役人六一名の連名で次の願書が出されている。(41)

石州銀山方地役人三拾壱人、同心三拾人、中間弐拾三人都合八拾四人ニ而銀山方相勤来候処、去々寅年中事変ニ付、其節支配　御代官鍋田三郎右衛門大森陣屋過急引揚相成、右役々之者与も不取敢附添、家族共者彼地最寄在中等江離散為致置、同人出張陣屋備後上下村江罷越相勤罷在候処、今般之事件ニ付尚又同断引揚倉敷表江当時人数六拾壱人罷越、一同謹鎮仕居候処、当月廿二日寛宥被仰付、去就之義者存寄次第ニ可任旨被仰渡、一同難有仕合奉存候、此上早速帰国被仰付勤王第一ニ相勤度奉存候、土着之上者長州之御指揮ニ相応し候様仕度、此段宜様御執成奉願候、以上

辰五月（朱書）「晦日」　石州銀山付役人組頭

鹿野忠兵衛　印（以下、六〇名略）

一見すると長州藩の要求は受け入れ難いような内容にも思えるが、この時の地役人はそれを受け入れて願書を認めたのである。地役人にとって何にもまして「帰国」が最優先されるべき事柄であったといえよう。しかし、その悲願が成就するのはおよそ半年後のこととなる。ここで注目しておきたいのは地役人の人数についてである。その内訳を前掲第3表の「石見国帰国」の項に示す。

大森退去に従った人数は七八名であったが、帰国の際には六一名へと減少している。少し詳しくみると、帰国願書に署名のある六一名の内訳は、役人二六名（内、見習い三名）、同心二二名（内、見習い一二名）、中間一三名（内、見習い二名）となっている。この内、慶応二年に「病気不参」とされていた役人一名、同心三名（内、見習い一名）、中間二名（内、見習い一名）が確認できる。この六名は帰国までの間に大森を離れ、上下もしくは倉敷へ向かった者であるといえよう。そうであるならば帰国願書に名を連ねる地役人は八四名となったはずであるが、実際には六一名の名前しかなかった。二三名はどうなったのであろうか。この二三名について先にみた長州藩役人の伺いの写し[42]に次のようにある。

…当早春ニ至上下表ゟ弐拾三人病身足弱之者帰邑仕度由ニ而国境江罷帰候ニ付、証書血盟、武器類取揚帰邑致させ、是又同様百姓之育ニ申付置候…

この二三名の地役人は、上下陣屋より倉敷陣屋への移動に付き従うことなく、明治元年の早春に大森への帰還を選択したものたちであった。裏を返せば彼らは大森へ帰ることさえできれば、生きていくことができたということではないだろうか。現在の「武士」としての不安定な生活よりは、たとえ「百姓」同様の身分として扱われることとなったとしても、大森へ帰還して安定した生活を送ることを選択した地役人も存在したのである。

では、京都での嘆願活動についてみてみよう。京都では、同心山内善一郎、役人山中文三郎、役人組頭藤井七郎兵衛の三名が惣代として、太政官へ七月十七日、八月二十二日、九月十三日、二十七日の四度にわたり「石州銀山方役々之者共一同勤王被仰帰国土着之上銀山勤方仕度段」といったように、大森への帰還と銀山経営への職務復帰について、先にみた銀山経営との深い関わりを論理の軸に据えて嘆願活動を展開した(43)。

この再三の嘆願の結果、九月二十七日の願書に対して、ようやく「兼而願出之儀、追而御沙汰可有之間、帰郷可為勝手事」との沙汰がなされるに至った。数カ月に及んだ嘆願であったにもかかわらず、太政官の対応は非常にすげないもので、職務復帰については追って沙汰するとし、帰国については勝手たるべし事というものであった。その後、京都には藤井だけが残り、嘆願活動を継続することとなる。なお、由緒書によればこの間の地役人へは、奇特の褒賞、難渋救済などの名目で岡山藩や朝廷から御手当米金などが支給され、一定度の生活保障がなされていたといえよう。ただし、扶持米ではなかった点が重要であろう。

この沙汰が出されたことによって地役人の大森への帰還は具体化することとなった。明治元年十月の村井より大森の長州藩役人宛の書状(44)によると、京都において岡山藩士成田太郎と長州藩士御堀耕助との間で交渉が行われ、今回、帰国する地役人六一名についても、大森に残留もしくは、これまでに帰国した地役人と同様に百姓身分として扱うということに決着したとされる。続けて地役人が大森へ向けて倉敷を出発したことを伝えている。大森退去からおよそ二年二カ月の流浪の時を経て、大森への帰還を果たすという地役人の宿願が成就することとなったのである。

そして、帰国に際して地役人には、大森へ出張している長州藩の役人や役所に対して、当人たちがその指揮に従い異心のないことを記した血判の証書と、さらに親類によるその証書の請証文の提出が求められた。その一方で長州藩は同年十一月、地役人に対して御扶助米[45]の支給を改めて、役人（五人扶持）、同心（三人扶持）、中間（二人扶持）の三等に分けて扶持米を支給することを決定している。[46]この改定は扶持米支給に切り替えた方が支給額の減少に繋がり長州藩にとって「御徳益」であるとして実施されたもので、明治二年二月より扶持米の支給が開始された。

再び京都での地役人の活動をみてみよう。九月に帰国についての沙汰が出された後も、京都には藤井が残り職務復帰を目指して嘆願活動を展開した。明治二年一月十八日の京都での最後の願書をみてみよう。[47]

奉歎願候書付

石州銀山之儀往古大同年中ゟ右銀山鉱石堀取方相勤銀貢相納、方今世上通用銀等天下之重宝必用之品柄ニ而、従来心掛盛山見置候ヶ所ニも有之其侭相成候而者歎ヶ敷奉存候ニ付、勤方古復勤王被仰付度旨、去七月中上京仕奉歎願候処、九月中御呼出之上、兼而願出之趣追而御沙汰有之間帰郷可為勝手旨、御附紙を以柳原大納言殿被仰渡一同難有仕合奉存、私壱人御当地ニ相残御沙汰相待、其他上京人数ならびニ備中倉敷ニ滞在仕候人数共一同帰国仕、其後去辰十一月中御呼出之上歎願之趣無余義相聞候得共、御採用難被遊間帰村可為勝手旨御附紙を以東園宰相中将殿被仰渡奉畏候、然ル処往古大同年中ゟ此程至迄右銀山稼相勤、年禄被宛行候役々之もの共一同相続罷在候処、前書御採用被遊がたく上者差向世禄ニ離れ、元来身薄之もの共ニ而当日営方も差支必至困苦仕行方も無御座歎息仕候間、格別之御仁恤を以何れ之御場所成とも速ニ勤王御許容被下置候様仕度旨、当正月十四日奉歎願候処、夫々御尋之上京都府御役所江相願候方ニ可有之旨、官掌土（ママ）村上鉄之助殿御口達相成候ニ付、当御役所江歎願仕候前書之次第御賢察被成下、偏ニ勤王御許容被下置候様、只管奉歎願候、以上

「（朱書）明治二年」

元石州銀山附地役人惣代

組頭
藤井七郎右衛門

巳
正月十八日
京都府御役所

これによると帰国が成就して以降の嘆願活動の経緯が以下のように説明される。①明治元年十一月にお呼び出しとなったので、銀山経営への職務復帰を嘆願するも、それは難しいとされた。②翌年一月十四日に「何れ之場所」でもかまわないので「勤王」の許可を願い出たところ、京都府御役所へ願い出るように指示された。③同月十八日に京都府御役所へ「勤王」の願い出たところ、三月八日に京都府よりは「当府御用無之御奉公筋之儀者、其地管轄所江可相願出候事」とされ、京都での御用はないため御奉公については、管轄所へ願い出るようにとの沙汰がなされた。

地役人の一年近くにおよぶ帰国と勤王の歎願活動は、長期間にわたって沙汰が下されず、関係各所をたらい回しされる状況となった。帰国については成就することとなったが、勤王については最終的な判断を長州藩へ委ねることとなったのである。

さて、長州藩が支配する大森へ帰還した地役人をめぐる状況はどうであったのだろうか。明治元年十一月に大森へ帰還した地役人は帯刀を取り揚げられ、御扶助米を支給され、百姓身分として扱われるという状況に置かれていたが、翌年二月、帯刀が返却され、役人、同心、中間の身分に応じた扶持米の支給、武士身分として扱うことが通達された。[48]帯刀の許可や身分的な扱いが改められるということに加えて、同じ米の支給を受けるということであっても、それが「御扶助」であるのか「御扶持」であるかという点は重要であった。長州藩においては「御扶助」であろうと「御扶持」であろうと支給額が減少することの方が重要視されたが、地役人にとってそれは武士身分への復帰を意味するものであったといえよう。そして、三月の京都での沙汰を受けて、同年四月、地役人は長州藩へ願書を提出した。[49]また、この時に連署した八三名の内訳を前掲第3表の「勤王嘆願」の項に示す。

御願申上候事

私共儀去ル寅年御変動ニ付困苦仕候処、同年以来御助扶米を以父母妻子之飢渇を免シ、先般一統帰邑依頼仕候趣山口表江御伺之上、当二月ゟ者御扶持米三等ニ被立下、已往何分之御沙汰ニ可被及、当今御一新之御時勢厚ク勘弁仕、精々報国之心懸可為肝要旨被仰渡重畳難有仕合、何卒尽力精勤御恩沢万分之一茂奉報度奉存候間、出格之思召を以身分相応之御奉公被仰付候様奉願候、尤従往昔土着仕素々身薄之者共ニ付、郷里相離レ候儀ハ歎ヶ敷奉存候間、当所を根居と仕何之御場所成与も勤番被仰付度可相成儀候ハヽ、当地於御用相勤度奉存候、此断被遂御許容被下候様、偏奉歎願候、以上

明治二巳ノ四月

地役人
河野綱太郎（以下、二七名略）
同心
長野又一郎（以下、二八名略）
中間
荒木健助　（以下、二二名略）

前書歎願之趣相違無御座候、私とも儀も同様奉願候、以上

世話役
松浦壽三郎
高木犀三郎
惣監

この願書では、これまで職務復帰の論理の主軸としていた銀山経営との関わりについての文言がなくなった点がこれまでの嘆願と大きく異なっている。銀山経営に代わって主張されているのは「御一新」と「報国」に基づく論理となっていったといえよう。

続いて「御恩沢」に報いたいので「身分相応之御奉公」を、つまり扶持を支給される武士身分として相応の御奉公を、大森の地を根拠として御用を勤めたいと願い出ている。ここでの「御恩沢」の対象は三年前のそれとは大きく異なっており、この点においては地役人もまさに幕府から朝廷へという御一新を迎えたといえるであろう。

また、地役人は扶持が支給されるからにはそれに応じた御用を勤めなければならない、逆にそういった御用を勤めるからこそ扶持の支給がなされるという意識が根底にあったが故に、こうした嘆願活動を展開したのではないだろうか。さらに昔から大森に土着してきており、この地を根拠として御用を勤めるという在地性について主張している点にも注意が必要であろう。それは言い換えるならば、地役人にとっていかにして安定的な生活基盤を確保し、安定的に支給される扶持を獲得するかという問題であったのかもしれない。

こうした地役人の嘆願に対し、大森宰判の代官武田伊兵衛の評価は非常に厳しいものであった。武田の藩庁への報告をみてみよう。(50)

大森御裁判所　　　　鹿野忠兵衛

銀山附役人其外別紙之通歎願申出候処、未旧習捨兼候哉ニ被考裁判処江ハ難被差出奉存候、却而余之御場所孰れへニても被召仕候様奉存候、尚又少壮之者ともハ文武修行トメ山口・萩学校又ハ郷校、諸隊之内へニても願出次第入込被仰付候ハヽ、自然与御国風ニ押移り、其器材成就ニ寄り、往々御役ニも相立可申奉存候、旁宜様御詮義茂何分之御沙汰可被下候事

五月　武田伊兵衛

武田は、地役人は未だに旧習にとらわれた存在であり、現状のままでは役所などでの勤務は難しく、別の場所で勤務させるべきであるとした。さらに若年の者については、山口・萩の学校や諸隊などで再教育すれば、長州藩の「御国風」へと推移し、将来的に役に立つようになるであろうと評した。

このように両者の奉公をめぐる認識の隔たりは大きく、地役人は大森への帰還を果たし、長州藩から扶持米を支給されるに至ったものの、「身分相応之御奉公」を得るには至らなかったのである。そして、この嘆願についての決着をみないまま、長州藩の石見銀山料支配は終わりを迎えることとなった。

三　「貫属」と「帰農」をめぐって

地役人が大森に戻ってからも、石見国の情勢は目まぐるしく変わった。明治二年（一八六九）八月、大森県が設置されることとなり、十月五日には「石見大森人民中」に対して石見銀山料が大森県管轄となることが通達された[51]。これを受けて同月八日、地役人は長州藩へ対して再び歎願を行った[52]。基本的には四月の願書と同様に「御奉公」を勤めることを願い出たものであるが、朝廷による統一的な府藩県の設置については、現状のままで府県が設置されると「御布告之趣ニ而者浮浪之身与相成」り、困窮してしまうため願いを聞き届けてほしいとしている。御用を勤めていないままで扶持米の支給を受けているという状況は、地役人にとって、それほどまでに不確定なものであり、大森県の設置によって容易に見直される可能性のあるものとして認識されていたのであろう。

しかし、十月十八日には大森宰判の大森県への移管は完了し、同月二十二日、地役人は、今度は大森県へ対して再び勤王の願書を提出した。[53] 願書では「当地を根居与仕、右御宝山勤方又者何れ之御場所江成与も勤王被仰付候ハ、難有仕合奉存候」と歎願しており、大森県への移管を契機に、長州藩に対しては行われなかった銀山経営への復帰を、再び目指している点は興味深い。三〇〇年近くにわたる銀山と地役人と繋がりを示す事例であるといえよう。

結果として、この時の歎願活動も実を結ぶことはなく、明治三年一月には大森県は廃され浜田県が設置されることとなった。その最中、長州藩の諸隊の再編により解雇となった兵士たちの一部が浜田県の「裁判所」(県の役所)を占拠し、大森へも侵入するという事件、いわゆる「脱隊騒動」が起こった。脱隊騒動のきっかけとなった諸隊の再編は、これまで預かり地として支配してきた豊前国企救郡と石見国浜田藩領、石見銀山料の返還に伴う軍事費の減少に起因するものであった。

この浜田県における脱隊騒動の鎮圧に地役人が動員された。地役人は幕長戦争において直接対峙することのなかった長州藩兵と明治三年に初めて対峙することとなったのである。浜田県からの賞典書から事例をあげてみよう。

① 松浦誠二郎(元同心):一月、賊徒が暴挙におよんだ時に進撃し、県庁を賊徒より奪還した際に尽力したことにより金五〇〇疋を与える。[54]

② 松浦壽三郎(元同心):三月、脱走兵が大森へ侵入した際に、銀山町へ出張し捕縛し、引き渡しまで警護したことにより金三〇〇疋を与える。[55]

③ 山中文三郎(元役人):三月、脱走兵を大森において捕縛し、引き渡しの際に脱走兵へ説諭を行ったことにより金六〇〇疋を与える。[56]

このほか先にみた由緒書の記述もあわせて考えると、多くの地役人が脱隊騒動の鎮圧に動員されたと考えてよいであろう。そして、その後は地域の治安維持にあたる「捕亡方」として、浜田県より正式に採用されることとなった。次の願書の冒頭部分をみてみよう。[57]

今般私共捕亡方御取建被仰付、日々五人宛出仕五日目毎交代可仕、出仕中壱人ニ付四人扶持宛御扶持被下置候旨被仰渡冥加至極難有仕合奉存候、…

これは明治三年三月に地役人六八名（代理を含むと七九名となる）が連署で浜田県に対して、老齢もしくは若年のため御用を勤められない家について地役人中で助役を行うことを願い出た願書である。ここから捕亡方の勤務形態がわかる。地役人は五人ずつ五日交代で勤務し、出仕中は四人扶持を支給されるというものであった。これにより地役人の積年の願いがついに叶うこととなったかに思えたが、由緒書には「同年七月ニ至り捕亡方抔と申義不相成、且勤王之儀者御沙汰難被及旨申渡、浮浪之身分与相成居申候[58]」と記されており、七月には捕亡方の任を解かれ、「勤王」としての職務につくことも難しいとされ、「浮浪之身分」となってしまったのである。

同年十一月の地役人三九名（役人一五名、同心一四名、中間一〇名）からの願書[59]には次のようにある。

…兼々勤王之儀再応奉願上御沙汰頻瞻望仕、難渋之場合且暮相凌取続居候処、方今御場合帰農之向モ有之哉ニ承知仕、左様相成候而者私共一同志願筋も貫徹不仕歎息之至ニ御座候間、何卒格別之御仁恤ヲ以貫属被仰付候様仕度奉願上候、就而者御管内非常之儀御座候節者、御指揮次第罷出尽力仕御用向相心得候様可仕候条、願之趣御採用被成下候様挙而奉歎願候、以上

兼ねてより「勤王」として職務につくことを歎願しているところ、現在では「帰農」という選択肢があることも承知しているが、志願を貫徹するためにも浜田県の「貫属」として奉公したいとしている。

ここで注目したいのは地役人が、既に帰農についての情報を得ている点と、その上で浜田県の貫属として、銀山経営の業務ではなく非常時の対応要員としての採用を希望している点、そして、その採用を希望した地役人は三九名しかいない点である。つまりは、捕亡方として採用された七九名の地役人の内、三九名は完全に銀山経営とは異なる業務であったとしても、浜田県の「貫属」としての採用されることを目指し、ここに名を連ねなかった四〇名は浜田県での採用をあきらめ、「帰農」を選択していたのではないだろうか。

ではここで地役人の帰農をめぐる、明治四年三月二十一日の浜田県より弁官宛ての伺い[60]をみてみよう。

…其後当県へ受取候而者朝廷御規則も有之、扶持米之儀者伺出之上其処置可致心得之所、忽チ活計ニ差迫リ屡御扶助之儀願出候ニ付、其段巨細書取ニ而民部省江申立、猶又去夏再願書ヲ以同省江相伺候所、無数之旧幕臣御扶助之儀ハ当時御目途モ難相立、乍然先般於生野県元銀山附之者帰農申付候的例も有之、於当県も其旨斟酌所置致候而可然御内諭之趣有之候ニ付、生野県江問合致候内、飢餓旦夕ニ差迫候極難之人別江者当分之所粥米与ヘ置折角其処置可致ト存候処、旧冬貫属之もの御扶持方御達有之、元来右之者共代官年限り召抱候者ニ者決而無之、大概慶長年中より連綿旧幕府ヨリ扶持米等差遣シ相続罷在候者ニ而、此度一同帰農致度旨内願申出候に付、別冊ノ通御手当金并御扶持米御給与被下度、此段相伺申候也

辛未三月廿二日　浜田県

弁官御中

ここでは浜田県の管轄となった後の地役人の置かれた状況が以下のように説明されている。①扶持米の件について伺い出た上で処置しようとしたところ、地役人はたちまち窮乏してしまい民部省へ扶助を

願い出たが、民部省では旧幕臣の扶助の目途が立たない状況にあった。②先頃、生野県の元銀山附地役人が帰農したという例もあったので、当県でもそれを斟酌して内諭すべく、生野県へ問い合わせをした。③極難の者へは米を与えて対応しようとしたところ、昨冬に「貫属」の扶持方について御達があった。[61]④地役人は代官が年限りで召し抱えた者ではなく、慶長年中より幕府の扶持を支給された者である。⑤この度、一同が帰農を願い出たので、御手当金、御扶持米を支給し帰農を許可したい。これに対して同年九月に、役人二七名には金一五〇両、同心二六名、中間二二名には金一〇〇両の一時金、同心二名には一カ年の扶持米を支給するというかたちで、地役人の帰農が許可されたのである。

この事例[62]からは次の点を指摘しておきたい。明治三年十一月の段階で、地役人には、既に帰農という道が示されていた。これを受けて、あくまでも武士身分として勤王の志願を貫徹するという論理によって、浜田県の貫属となることを目指したものたちと、早い段階で帰農を選択したものとが存在していたのである。そして、帰農に関して一時金の支給などの一定の方針が示されるにあたり、地役人は長期間にわたって展開しながらも思うようには進展してこなかった、浜田県の「貫属」となること、言い換えるならば武士身分を目指すことよりも、より現実的な「帰農」を最終的に選択したのである。

おわりに

最後に本稿で提示してきた事例を通して明らかにできたことをまとめておきたい。

幕末の石見銀山は幕長戦争の戦場となり、まさに戦時下におかれることとなった。そのなかにあって地役人は、「武士道」を貫くような生き方を選択した武士がいた一方で、戦時下にあってもなお、様々な御用という役を粛々と勤め、それによって扶持を得るという平和な時代の武士の生き方を選択した存在であったのではないだろうか。幕末維新期の動乱は日本の国内に戦国以来の戦場を生みだした。そこには武士だけではなく様々な人びとが巻き込まれ戦闘者として生きた一方で、地役人のように積極的に戦闘者としての道を選ばなかった武士も存在したのである。

また、数年にわたって展開された歎願活動においては、地役人は生活基盤を有した石見国への帰国と、何らかの御用を勤める職務を得ることが主眼であった。帰国が無事に果たされたのに対し、職務を得ることは非常に難航したのであるが、その過程で地役人は、銀山経営との関係、「勤王」、「報国」など、様々な論理を道具立てとして職務の獲得を目指した。それは職務の獲得が「扶持米」の獲得にほかならなかったからではないだろうか。三次での軍役や上下陣屋での御用を勤めていた際には扶持米の支給を受け、倉敷での謹慎中や大森への帰還直後は御手当や御扶助の支給を受けていた。そのため長州藩より扶持米が支給されるようになると、「身分相応之御奉公」が必須のものとなったのである。

地役人の認識としては、御用と扶持は表裏の関係にあり、扶持を支給されるからには御用を勤めるのは当然ことであった。そうであったがゆえに御用を伴わない扶持は、支給する側の恣意的な論理で、どうにでもできてしまう保証のない不安定なものとして映ったのではないだろうか。だからこそ地役人は生活基盤と安定的な収入に直結する職務の獲得を求めて歎願活動を展開したのである。これは彼らが自らの存続をめぐって、いかにして生きていくのかを模索し続けた過程であり、明治維新という大きな変動のなかを、したたかに生きぬこうとした武士の姿としてとらえることができるであろう。

そして、彼らが生きていく上でより現実的な「帰農」という道が示されると、柔軟に対応してそれを選択し、江戸時代の武士から帰農して明治という時代を迎えることとなったのである。

一方で今後の課題として、一つには当該期の地役人の経営実態を明らかにする必要がある。近世後期の地役人については、周辺村落に耕地を取得した地主経営や、高額な貸付などの金融活動を行っていたことが明らかとなっている。[63] こうした経営や財産が幕末維新期のなかでどうなっていったのか、また、帰農した後の経営実態も含めて検討が必要であろう。

二つめとしては、地役人の士族複族に関する問題がある。帰農から二十七年後の明治三十一年（一八九八）より士族複族の歎願活動が展開されることとなる。幕末をしたたかに生き抜き、農民として明治を迎えた地役人たちが、再び士族に復帰しようとする過程や、その身分をめぐる問題について、先の課題とあわせて今後考えていきたい。

【注】

(1) 仲野義文「石見銀山附地役人についての一考察」(『日本海地域史研究』第一一集、文献出版、一九九〇年)、「石見銀山附地役人と身分」(『銀山社会の解明　近世石見銀山の経営と社会』、清文堂、二〇〇九年)。
(2) 「石見国銀山要集」(山中家文書二二九、大田市教育委員会所蔵)。
(3) 「日記」(阿部家文書、石見銀山資料館所蔵)、松岡美幸「銀山附地役人・阿部光格の日記　その1・その2」(古代文化研究第九号、第十号、二〇〇一年、二〇〇二年)。
(4) 森下徹『武士という身分　城下町萩の大名家臣団』(歴史文化ライブラリー三四七、吉川弘文館、二〇一二年)。
(5) 高野信治『武士の奉公　本年と建前　江戸時代の出世と処世術』(歴史文化ライブラリー三九三、吉川弘文館、二〇一五年)。
(6) 小野正雄『幕藩権力解体過程の研究』(校倉書房、一九九三年)。
(7) 青山忠正『明治維新と国家形成』(吉川弘文館、二〇〇〇年)、久住真也『長州戦争と徳川将軍』(岩田書院、二〇〇五年)などを参照。
(8) 三宅紹宣『幕長戦争』(吉川弘文館、二〇一三年)。
(9) 拙稿「幕末長州藩の石見・豊前における地方支配」(『瀬戸内海地域史研究』第七集、文献出版、一九九九年)。
(10) 山中家文書四五、大田市教育委員会所蔵。地役人の由緒書については、銀山附地役人であった山中家に宝暦五年(一七五五)から明治三十一年(一八九八)にかけて作成された七七通がまとまって伝わっており、江戸時代に作成された由緒書の内、六二名分が『石見銀山文献調査報告書』(島根県教育委員会、二〇〇五年)に収録されている。

(11)大森県が置かれた期間は短く、明治三年一月には廃されて、浜田県が設置されることとなった。
(12)「事変以来雑書綴込」(山中家文書二〇四、大田市教育委員会所蔵)。
(13)銀山料内の出雲国境の番所である島津屋口番所において、重要書類の体系的な管理体制があったことが明らかになってきている。これらの文書は「御用書類箱」と表書きのある木箱に保管されており、この文書群こそが「御用書物」にあたると推測される。番所における文書管理については、拙稿「島津屋口番所における御定書の伝達と文書管理」(『石見銀山歴史文献調査報告書12』島根県教育委員会、二〇一六年)を参照。
(14)広島に在陣していた部隊で、浜田藩の要請により石州口へ向けて七月十八日に広島を出陣したが、人足脱走などにより移動が困難となり参戦できなかった。このほか石州口における軍夫の逃亡については、前掲注(8)三宅前掲書に詳しい。
(15)「事変以来雑書綴込」(山中家文書二〇四、大田市教育委員会所蔵)。
(16)「事変以来雑書綴込」(山中家文書二〇四、大田市教育委員会所蔵)。
(17)「事変以来雑書綴込」(山中家文書二〇四、大田市教育委員会所蔵)。
(18)「事変以来雑書綴込」(山中家文書二〇四、大田市教育委員会所蔵)、「桐田才止郎由緒書」(山中家文書二五、大田市教育委員会所蔵)。
(19)「事変以来雑書綴込」(山中家文書二〇四、大田市教育委員会所蔵)。
(20)「事変以来雑書綴込」(山中家文書二〇四、大田市教育委員会所蔵)。
(21)「事変以来雑書綴込」(山中家文書二〇四、大田市教育委員会所蔵)。
(22)「事変以来雑書綴込」(山中家文書二〇四、大田市教育委員会所蔵)。また、遠藤但馬守からは慶応二年八月十一日に四人に対し「内蜜御用」の「賞美之験」として金二〇〇〇疋ずつが支給されている。
(23)「石州大森長州本陣民政方沙汰控」(毛利家文庫・一一政理一七七、山口県文書館所蔵)。
(24)長州藩が大森陣屋を占領下に置いて二〇日前後の段階で、ここまで精密な情報を入手できる状況にあったことは、長州藩の諜報活動や情報戦において特筆すべき点であろう。また、占領初期のかなり早い段階で、年貢徴収のあり方をはじめとする旧慣の調査に乗り出している点なども長州藩の在地把握や情報収集のあり方について注目すべき点であろう。

(25)「事変以来雑書綴込」(山中家文書二〇四、大田市教育委員会所蔵)。

(26)「元銀山附地役人覚」(山中家文書一六六、大田市教育委員会所蔵)。内容は倉敷より帰還してくる銀山附地役人の身分に関するものであり、加えて本文中に明治元年四月以降に成立する長州藩独自の行政区画である「宰判」や長州藩独自の表現である「差閊」の文字がみられることからも、長州藩役人の伺いであるとしてよいだろう。

(27)拙稿「幕末長州藩の石見・豊前における地方支配」(『瀬戸内海地域史研究』第七集、文献出版、一九九九年)。

(28)「事変以来雑書綴込」(山中家文書二〇四、大田市教育委員会所蔵)。

(29)「石州大森長州本陣民政方沙汰控」(毛利家文庫・一一政理一七七、山口県文書館所蔵)。「石州之三難事」としては、ほかに浜田札、浜田浪士之始末があげられている。

(30)「豊石万控」(毛利家文庫・一一政理・一七九、山口県文書館所蔵)。明治二年(一八六九)の預かり地の朝廷への返還に際して「銀山稼方之儀ニ付而者、去辰年来仕組建被仰付候処、追々成立候趣」とある。

(31)「事変以来雑書綴込」(山中家文書二〇四、大田市教育委員会所蔵)、また、鍋田は「御用之儀有之」として、十月二十一日に銀山附役人組頭の鹿野忠兵衛、役人の福本虎五を召し連れ上下陣屋を出発し、二十八日に大坂に至り、十一月朔日に大坂を出発し京都へ向かったとある。十一月以降の鍋田の願いや伺いは京都でなされたと考えられる。

(32)「事変以来雑書綴込」(山中家文書二〇四、大田市教育委員会所蔵)。

(33)「桐田才止郎由緒書」(山中家文書二五、大田市教育委員会所蔵)、「中山平一郎由緒書」(山中家文書四五、大田市教育委員会所蔵)。

(34)「事変以来雑書綴込」(山中家文書二〇四、大田市教育委員会所蔵)では、地役人の所属替えや改名などの届け出を倉敷代官の横田新之丞が行っており、「中山平一郎由緒書」(山中家文書四五、大田市教育委員会所蔵)には「同年(慶応三年:筆者注)十二月中備後国上下表ニおゐて長坂半八郎支配之節」とあり、慶応三年十二月に倉敷代官の長坂半八郎支配にあったとされる。

(35)「中山平一郎由緒書」(山中家文書四五、大田市教育委員会所蔵)、由緒書には「松平右近将監江為御手当米雲州松江御用意米之内米千五百石被下、右渡方与して慶応三卯年七月十五日備後上下陣屋出立、雲州松江表江罷越渡方仕、残米者越前国敦賀江御廻米等之御用相勤」とあり、慶応三年に上下陣屋を出発して浜田藩主への御手当米の輸送の御用を勤めている。

(36)「中山平一郎由緒書」（山中家文書四五、大田市教育委員会所蔵）。

(37)「事変以来雑書綴込」（山中家文書二〇四、大田市教育委員会所蔵）。

(38)「事変以来雑書綴込」（山中家文書二〇四、大田市教育委員会所蔵）に、五月二十二日に長坂半八郎へ対し「倉敷元代官長坂半八郎恭順罷在候趣申立ニ任セ寛宥被仰付」との通達がなされており、五月晦日の地役人の帰国の願書にも「一同謹慎仕居候処、当月廿二日寛宥被仰付」とある。由緒書の記述は三月の願書のために誤ったものとなったのであろう。

(39)「事変以来雑書綴込」（山中家文書二〇四、大田市教育委員会所蔵）。

(40)「銀山方嘆願書写」（山中家文書一六七、大田市教育委員会所蔵）。

(41)「事変以来雑書綴込」（山中家文書二〇四、大田市教育委員会所蔵）。

(42)「元銀山附地役人覚」（山中家文書一六六、大田市教育委員会所蔵）。

(43)「事変以来雑書綴込」（山中家文書二〇四、大田市教育委員会所蔵）。

(44)「事変以来雑書綴込」（山中家文書二〇四、大田市教育委員会所蔵）。

(45)大森に残留、もしくは上下陣屋より帰還した地役人やその家族の救助のために支給された米のことでよいであろう。

(46)「大森宰判本控」（宰判本控一二八、山口県文書館所蔵）。長州藩の占領地であった石見銀山領は、明治元年の朝廷より長州藩への預かり地との命を受けて、長州藩独自の行政区画である「宰判」へと再編成され「大森宰判所」となり、長州藩の代官が管轄することとなった。「大森宰判本控」は大森宰判における布達や願書など控えた帳簿である。

(47)「事変以来雑書綴込」（山中家文書二〇四、大田市教育委員会所蔵）。

(48)「事変以来雑書綴込」（山中家文書二〇四、大田市教育委員会所蔵）。

(49)「大森宰判本控」（宰判本控一二八、山口県文書館所蔵）。

(50)「大森宰判本控」（宰判本控一二八、山口県文書館所蔵）。

(51)「事変以来雑書綴込」（山中家文書二〇四、大田市教育委員会所蔵）。

(52)「事変以来雑書綴込」(山中家文書二〇四、大田市教育委員会所蔵)。
(53)「事変以来雑書綴込」(山中家文書二〇四、大田市教育委員会所蔵)。
(54)「[賊徒暴挙の節県庁恢復尽力につき賞典書]」(松浦家文書二、島根県所蔵)。
(55)「[山口藩脱卒警固尽力につき賞典書]」(松浦家文書三、島根県所蔵)。
(56)「山口藩脱卒捕縛説論ニ付褒賞状」(山中家文書一七二、大田市教育委員会所蔵)。
(57)「捕亡方助役取立願状」(山中家文書一七一、大田市教育委員会所蔵)。
(58)「中山平一郎由緒書」(山中家文書四五、大田市教育委員会所蔵)。
(59)「元銀山附役人・同心・中間歎願状」(山中家文書一七三、大田市教育委員会所蔵)。
(60)「帰農資金下賜ニ付弁官付紙写及浜田県より下附状写」(山中家文書一七六、大田市教育委員会所蔵)。
(61)③については、この史料のみでは不明な点も残るが「旧冬貫属之もの御扶持方御達」とは、明治三年十二月五日の東京府貫属の窮乏士族へ対して帰農商の者へ禄高の五カ年ないし七カ年を支給するとした帰農商奨励策のことではないかと推測される。仮にそうであったならば、これをモデルとして石見銀山附地役人の帰農が実施されることとなったのであろう。
(62)石見銀山における帰農については、生野銀山の事例を先例に調整が進められることになったと考えられる。ともに銀山附地役人であった生野銀山や石見銀山の地役人の帰農については、明治四年十二月の太政官布告による全国統一の方法に先んずる注目すべき事例であるといえよう。
(63)「日記」(阿部家文書、石見銀山資料館所蔵)、松岡美幸「銀山附地役人・阿部光格の日記　その1・その2」(古代文化研究第九号、第十号、二〇〇一年、二〇〇二年)。

付録

江戸時代の石見銀山

第１図　藩領・幕領支配図

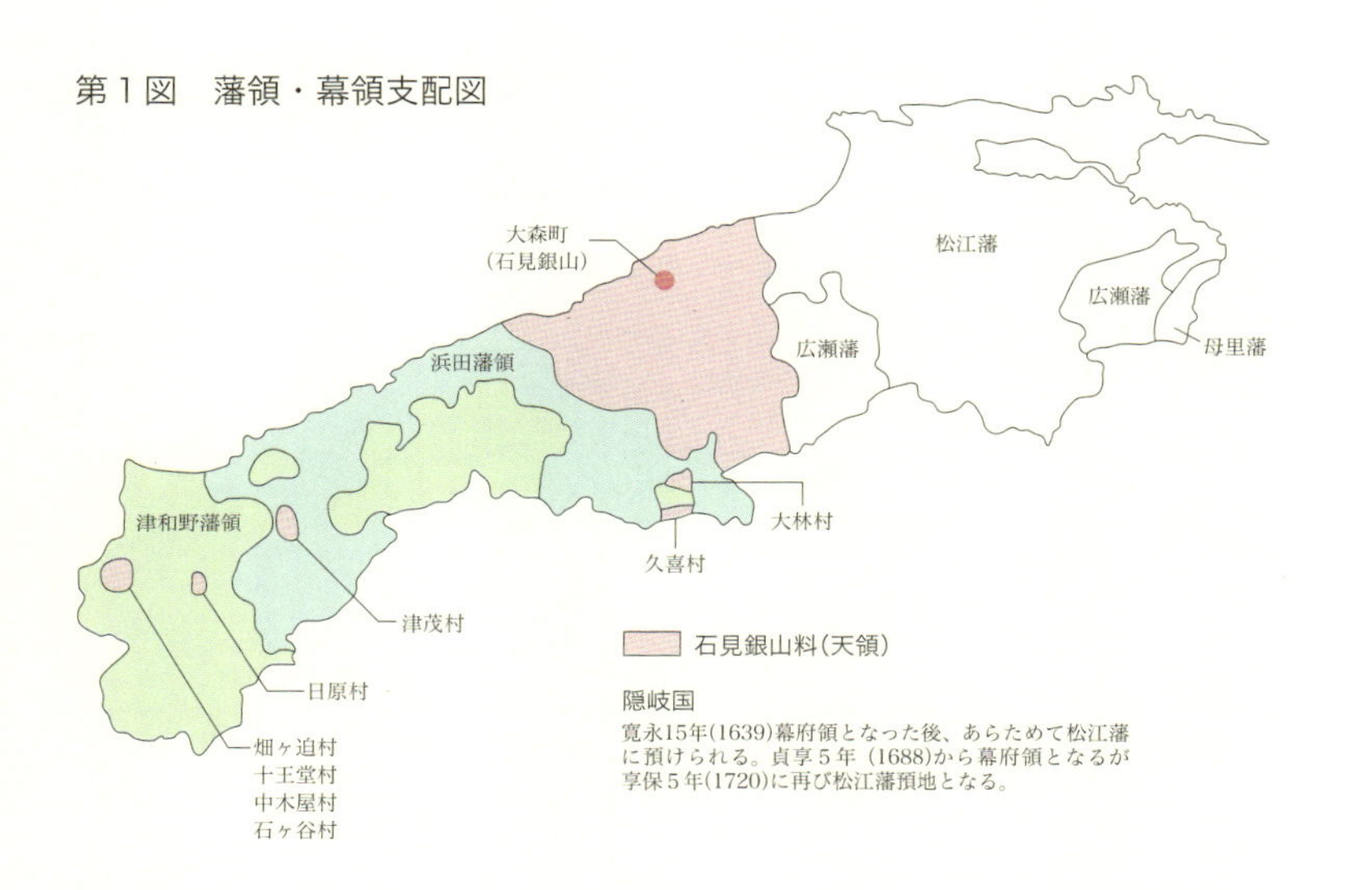

慶長五年（一六〇〇）、関ヶ原の戦い直後、石見銀山周辺は幕府領の石見銀山附御料（以下、石見銀山料とする）となった（第１図）。初代銀山奉行の大久保長安が開発と運営にあたり、公費によって疎水坑を開削するなど積極的な鉱山開発を行った。この頃、産銀高はピークに達し、慶長八年、銀山師の安原伝兵衛は釜屋間歩の運上銀三六〇〇貫（約一三・五トン）を上納したとされる。

しかし、寛永元年（一六二四）頃より鉱脈の枯渇や坑道内の排水・通風対策による生産コストの増加などが原因で産銀高は大きく減少し始めた。

明和三年（一七六六）、代官川崎平右衛門によって「稼方御主法」という金融政策が創設され、銀山の立て直しが図られ、産銀高は一時的な増加をみたが、銀山が大きく再生することはなく幕末を迎えた。

次に幕府による石見銀山料の支配組織をみておこう。大森代官所の職制には、銀山方と地方の二つの機構があった（第２図）。

銀山方は銀山の管理・経営や領内の各種運上銀（税）の収納などを担当し、銀山附地役人（以下、地役人と記す。）といわれる土着の役人によって担われた。

第２図　代官所の職制

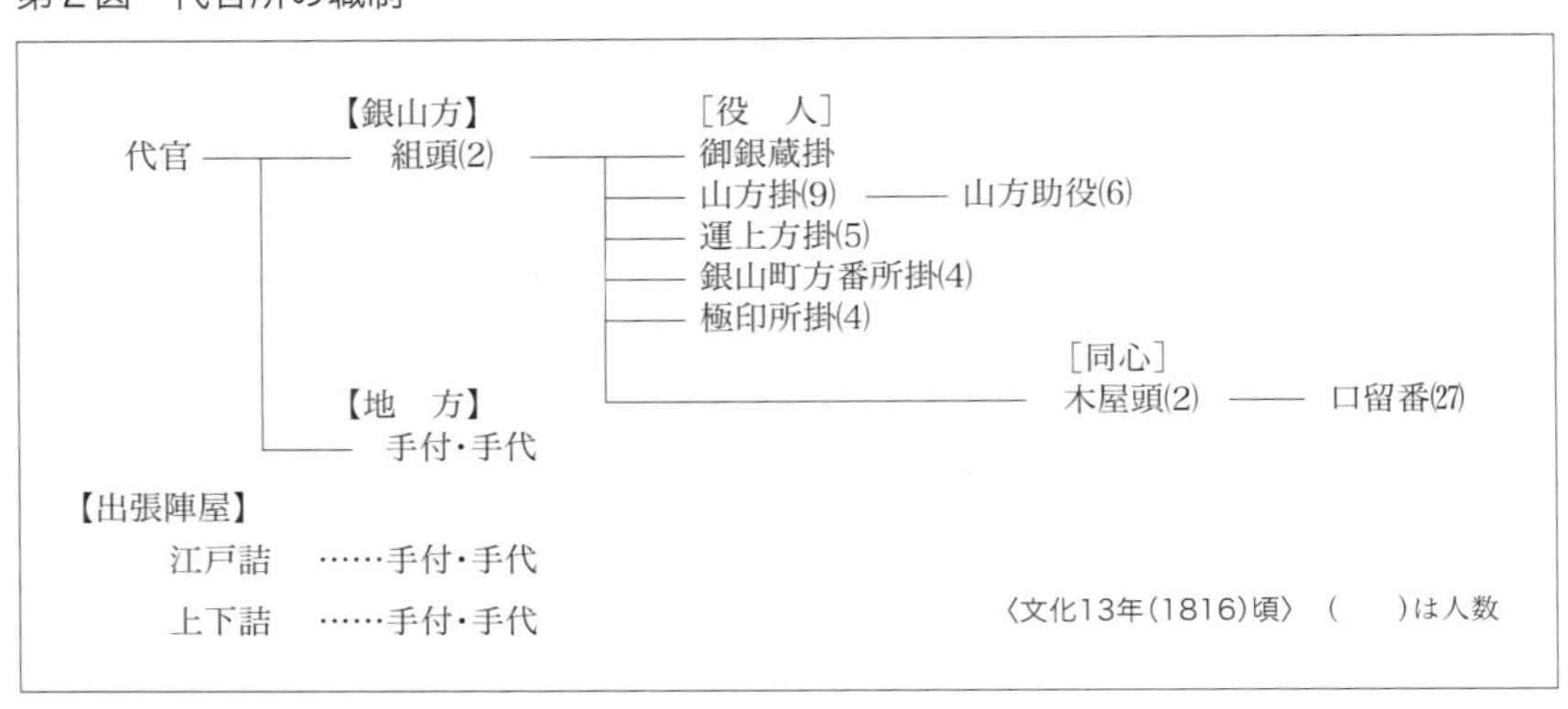

幕府領においては石見銀山のように鉱山などの特殊な支配を行う地域においては、それに精通した者を現地において地役人として採用することができた。近世初期の地役人は銀山だけでなく地方支配にも関わっていたが、寛延二年（一七四九）から宝暦四年（一七五四）にかけて代官を務めた天野助次郎の改革によって、人員整理や地方支配への関与が否定され、地役人の職制や俸禄などの制度が整えられていった。

銀山方では、組頭を筆頭に、その下に御銀蔵掛、山方掛、運上方掛、銀山町方番所掛、極印所掛などの役職が置かれ銀山支配が行われた。一方の地方は、年貢の収納や公事方といわれる訴訟関係の職務を担当し、代官の家臣である手付・手代といわれる役人が勤めた。

また、石見銀山料の地方支配の機構としては、領内を久利組・大田組・佐摩組・波積組・九日市組・大家組の六組と津茂五カ村に編成し、各組に惣代庄屋が置かれて支配が行われた（第1表）。宝暦三年（一七五三）に、代官天野助次郎によって、大森町にある宿屋六人が各組の担当となり、地方支配の職務の一部を担当させる「郷宿」制がしかれ、領内の支配が行われた。

慶応二年（一八六六）、幕長戦争において幕府軍が敗北すると、石見銀山料は長州藩の占領下に置かれることとなり、江戸幕府支配は終焉を迎えた。

第１表　元禄７年の組合村編成

組名	村　　名	村数
久利組	先市原・今市原・久利・赤波・鬼・大屋・磯竹・静間・延里・松代・行恒・稲用・土江・東用田・西用田・野井・鳥井・鳥越・波根西・波根東・仙山	21
大田組	吉永・大田北・大田南・刺賀・朝倉・神原・山中・才坂・小豆原・多根・円城寺・小屋原・池田・市野原・川合	15
佐摩組	佐摩・戸蔵・忍原・福原・三久須・白坏・祖式・西田・荻・飯原・小浜・温泉津・湯里・馬路・天河内・仁万・宅野・大国	18
波積組	上村・福光下・福光林・福光本領・吉浦・黒松・後地・市・浅利・渡津・郷田・大田・八神・下河戸・上河戸・都治本郷・畑田・上津井・長良・谷住郷・福田・殿・井尻・津淵・太田・井田・波積南・波積本郷・波積北	29
九日市組	荻原・別府・湯抱・粕淵・久保・長原・志学・加淵・上山・千原・石原・熊見・片山・九日市・酒谷・塩谷・井戸谷・畑田・長藤・都賀本郷・上野・都賀行・潮・川戸・浜原・高畑・吾郷・奥山・志君・小林・惣森・小松地	32
大家組	杤谷・内田・京覧原・久喜原・地頭所・乙原・川本・八色石・原・伏谷・布施・宮内・村之郷・比敷・久喜・大林・川下・小谷・川内・馬野原・三俣・湯谷・北佐木・南佐木・三原・大貫・田窪・横道・大家本郷・新屋	30
津茂五ヶ所	津茂・日原・中木屋・石ヶ谷・十王堂・畑ヶ迫	6

「元禄六癸酉春撰　石雲隠覚集」（阿部家文書）より作成

付録　江戸時代の石見銀山　歴史略年表

年号	西暦	出来事
慶長５	1600	関ヶ原の戦いで勝利した徳川家康が石見国７カ村に「禁制」を発給する。
慶長６	1601	大久保長安が石見銀山の初代奉行となる。
慶長８	1603	銀山師の安原伝兵衛が年に3600貫（約13.5トン）の運上を収め、徳川家康に謁見する。
慶長19	1614	石見銀山の銀掘が大坂の陣へ水抜きのために動員される。
元和４	1618	地役人の静間甚左衛門・野田三郎兵衛が佐渡金山の地役人となる。
寛永15	1638	この頃より石見銀山の銀産出量が大幅に減少し始める。
寛永18	1641	銀山境界の木柵を止め、代わりに垣松を植える。
延宝３	1675	これより石見銀山は代官統治となる。
元禄６	1693	石見銀山の柑子谷元泉山の開発が始まる。
享保８	1723	地役人の給米について、銀山運上銀からの支給を止め、幕府の御金蔵よりの支給とする。
享保11	1726	銀山師への拝借銀を止め、銀山領内の者へ貸し渡した利銀を山稼ぎの入用とする。
享保17	1732	代官井戸平左衛門が飢饉対策としてさつま芋の栽培を奨励するとされる。
延享元	1744	勘定所からの通達により地役人の地方支配への関与が禁止される。
寛延２	1749	半田銀山へ地役人が派遣される。
宝暦元	1751	代官天野助次郎が人員削減のため地役人全員を一旦罷免し、新規に召し抱える。
宝暦３	1753	代官天野助次郎によって「郷宿」制がしかれる。
明和元	1764	この頃より石見銀山で採掘した銅を大坂の銅座へ送る。
明和３	1766	代官川崎平右衛門が「稼方御主法」という金融政策を創設し銀山の再建を図る。
天明４	1784	地役人の田辺金右衛門が水抜き普請のため足尾銅山へ派遣される。
寛政12	1800	寛政の大火により大森町の３分の２が焼失する。
文化７	1810	代官上野四郎三郎が不正により罷免される。
慶応２	1866	長州藩が大森へ侵攻し、石見銀山を占領下に置く。
明治２	1869	大森県が設置される。
明治３	1870	大森県が廃止され浜田県となる。

執筆者紹介

仲野　義文

一九六五年生まれ。別府大学文学部史学科卒業。石見銀山資料館館長。日本近世史、石見銀山の支配や経営について研究。主要論著に『銀山社会の解明　―近世石見銀山の経営と社会―』（清文堂、二〇〇九年）、「鉱山の恵み」（水本邦彦編『環境の日本史―人々の営みと近世の自然』巻4、吉川弘文館、二〇一三年）、「石見銀山の文化とその基層」（竹田和夫編『歴史のなかの金・銀・銅―鉱山文化の所産』勉誠出版、二〇一三年）、「金銀山開発をめぐる鉛需要について」（平尾良光・飯沼賢司・村井章介編『大航海時代の日本と金属交易』思文閣出版、二〇一四年）などがある。

藤原　雄高

一九八一年生まれ。奈良大学文学部史学科卒業。石見銀山資料館学芸員。日本近世史、地域社会史について研究。主要論著に「石見国大森代官所の貸付政策」（『島根史学会会報』第四三・四四合併号、島根史学会、二〇〇六年）、「石見銀山領における掛屋についての一考察」（相良英輔先生退職記念論集刊行会編『たたら製鉄・石見銀山と地域社会―近世近代の中国地方』清文堂、二〇〇八年）、「石見銀山資料館史―地域における小規模博物館・資料館の存在意義―」（しまねミュージアム協議会編『しまねミュージアム協議会共同研究紀要』創刊号、しまねミュージアム協議会、二〇一一年）、「邇摩郡大森町における寛政の大火の被害と復興」（山根正明先生古希記念誌刊行会編『地域に学び、地域とともに』ハーベスト出版、二〇一七年）などがある。

原田洋一郎

一九六六年生まれ。筑波大学大学院博士課程歴史・人類学研究科単位取得満期退学。東京都立産業技術高等専門学校教授。歴史地理学について研究。主要論著に「石見銀山をめぐる人々」（田中圭一と共著、島根県教育委員会編『石見銀山関係論集』、二〇〇二年）、『近世日本における鉱物資源開発 ― その地域的背景 ―』（古今書院、二〇一一年）、「鉱山とその周辺における地域変容」（竹田和夫編『歴史のなかの金・銀・銅―鉱山文化の所産』勉誠出版、二〇一三年）、「地域と鉱物資源」（歴史地理学五八‐一、二〇一六年）などがある。

小林　准士

一九六九年生まれ。京都大学大学院文学研究科退学。島根大学法文学部教授。日本近世史について研究。主要論著に『石見銀山史料解題　銀山旧記』（島根県教育庁文化財課世界遺産登録推進室、二〇〇三年）、「石見銀山附幕領大森町における町役人の職務と文書管理」（『島根史学会会報』四六号、二〇〇八年）、「石見銀山附幕領における買請米制度に関する基礎的考察」（『社会文化論集』五号、二〇〇九年）、「近世真宗における神祇不帰依の宗風をめぐる争論の構造と展開」（『史林』九六巻四号、二〇一三年）などがある。

鳥谷　智文

一九六八年生まれ。広島大学大学院文学研究科博士課程後期単位取得満期退学。松江工業高等専門学校教授。たたら製鉄業史について研究。主要論著に「近世後期における出雲国能義郡鉄師家嶋家の経営進出　―出雲国飯石郡及び伯耆国日野郡への進出事例―」(『たたら研究』第五〇号、二〇一〇年)、「近世後期におけるたたら製鉄業の展開　―出雲国松江藩領を中心に―」(『芸備地方史研究』第二八四号、二〇一三年)、「鈩・鍛冶屋山内における空間の特徴とその利用についての試論　―絲原家・卜蔵家の事例から―」(『たたら研究』第五三号、二〇一四年)などがある。

矢野健太郎

一九七五年生まれ。九州大学大学院人文科学府博士課程単位取得退学。島根県教育庁文化財課専門研究員。日本近世史、地租改正史について研究。主要論著に「明治初期山口県における地域財政の再編」(『地方史研究』三一九号、二〇〇六年)、「土地丈量からみる近世・近代の土地把握」(荒武賢一朗・木下光生・太田光俊編『日本史学のフロンティア2　列島の社会を問い直す』法政出版局、二〇一五年)、「地租改正は「近代的制度」として成立したのか　―福岡県の地価算出をめぐって―」(平川新編『通説を見直す　16〜19世紀の日本』清文堂、二〇一五年)などがある。

石見銀山の社会と経済
―石見銀山歴史文献調査論集―

二〇一七年三月二十五日　発行

編集・発行　島根県教育庁文化財課世界遺産室

販売　ハーベスト出版
〒六九〇―〇一三三
島根県松江市東長江町九〇二―五九
TEL〇八五二―三六―九〇五九
FAX〇八五二―三六―五八八九

印刷・製本　株式会社谷口印刷

定価はカバーに表示してあります。
落丁本、乱丁本はお取替えいたします。
Printed in Japan
ISBN978-4-86456-221-8 C0021